计算机
组装与维护

段谟意 编著

U0305586

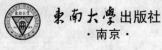

东南大学出版社
·南京·

内 容 提 要

《计算机组装与维护》具有鲜明的特点,就是操作性、实用性非常强,学好《计算机组装与维护》能起到立竿见影的功效。

本书采用基于工作过程的项目化教学方法,有丰富的案例,并以较新的"图例"来驱动;具有先进性、创新性。《计算机组装与维护》包括计算机组装、计算机维护,具体包括以下三个项目:计算机硬件识别、组装及选购;系统软件、应用软件的安装与使用;计算机软硬件系统维护。每个项目又包括若干个模块,每个模块又由若干个活动组成。

本书重点突出,在结构体系上采用案例驱动,详略得当,图文并茂,力求讲授最新的计算机软硬件知识。

本书既可作为高职高专计算机及相关专业的教材,也可以作为计算机培训班、辅导班和短训班的教材。对于希望快速掌握计算机组装和计算机维护知识的读者来说,也是一本不可多得的参考书。

图书在版编目(CIP)数据

计算机组装与维护/段谟意编著. --南京:东南
大学出版社,2012.1
ISBN 978-7-5641-3089-3

Ⅰ.①计… Ⅱ.①段… Ⅲ.①电子计算机-组装-高
等学校-教材②计算机维护-高等学校-教材 Ⅳ.
①TP30

中国版本图书馆 CIP 数据核字(2011)第 229895 号

计算机组装与维护

出版发行	东南大学出版社
社 址	南京市四牌楼 2 号(邮编:210096)
出 版 人	江建中
经 销	全国各地新华书店
印 刷	南京工大印务有限公司
开 本	787 mm×1092 mm 1/16
印 张	12.25
字 数	306 千
版 次	2012 年 1 月第 1 版
印 次	2012 年 1 月第 1 次印刷
书 号	ISBN 978-7-5641-3089-3
印 数	1—2500 册
定 价	28.00 元

* 东大版图书若有印装质量问题,请直接联系读者服务部,电话:(025)83792328。

计算机组装与维护

前　言

　　《计算机组装与维护》课程是一门重要的公共基础课。通过本课程的学习,使学生掌握计算机硬件安装、选购与维护,软件安装与维护,系统维护,特别是微机的软硬件维护、维修技术。

　　本课程是依据《计算机组装与维护》工作任务而设置的。随着计算机行业的快速发展,计算机早已应用到各行各业,有计算机的地方,就有对计算机进行组装、维护、维修的需求,所以学好本课程不仅能为后续课程学习打下基础,而且能为今后的就业提供直接的帮助。

　　本书具有以下特点:

　　1. 综合考虑学生的知识水平的实际情况,遵循学生职业能力培养的基本规律,以真实工作任务及其工作过程为依据,整合、序化教学内容,科学设计学习性工作任务。

　　2. 针对《计算机组装与维护》课程的特点,采用的教学方式为:

　　(1) 多媒体教学

　　(2) 先基础实训室,后强化实训室教学

　　(3) 网上调研

　　(4) 市场调研

　　由于计算机技术的发展实在太快,学生应跳出书本,进行网上调研,走出校园,进行市场调研,与市场进行零距离接触,时刻了解计算机的最新发展,努力与计算机发展保持同步。本书是遵循这一原则来编写的。

　　3. 不讲原理,少讲理论,多讲操作,特别强调实用性、实作性。

　　本书由南京铁道职业技术学院段谟意编著,在本书的编写过程中,南京铁道职业技术学院张新昌、丁民豆、巫立平、雍志强、朱颖莉、徐翔、戎小群、康瑞锋、蒋明华、王惠等老师也参与了编写工作或提供了部分资料,另外,编者还参阅了网上有关资料,但由于网上的有关资料没有注明具体的作者,在此,向相关的网站:泡泡网、小熊在线、Vista 之家、天极网、电脑百事网、鲁大师网、ZOL 中关村在线、编程入门网、中文业界资讯站等及相关的作者表示深深的敬意和由衷的感谢!

　　由于时间仓促,加上计算机技术的日新月异,书中难免有一些不妥之处,敬请读者批评指正。

编　者

《计算机组装与维护》

项目教学设计

序号	课程项目	课程模块(任务、情境)	模块课时	项目课时
1	**教学项目一** 计算机硬件识别、组装及选购	模块 1.1 计算机硬件组成部件的识别	6	20
		模块 1.2 计算机硬件组装	4	
		模块 1.3 网上调研、市场调研及计算机选购	10	
2	**教学项目二** 系统软件、应用软件的安装与使用	模块 2.1 系统软件的安装与使用	6	12
		模块 2.2 应用软件的安装与使用	6	
3	**教学项目三** 计算机软硬件系统维护	模块 3.1 微机硬件系统常见故障诊断和排除	8	16
		模块 3.2 软件系统维护	8	
合计				48

目 录

目　录

教学项目一

计算机硬件识别、组装及选购

模块 1.1 计算机硬件组成部件的识别

3

一、项目描述

以计算机硬件组成部件 CPU、主板、内存、硬盘为载体,要求学生在计算机组装与维护实训室学习完成计算机硬件组成部件的识别任务,从而培养学生对计算机硬件组成部件的识别能力,有助于学生将来在计算机硬件销售工程师岗位的就业。

二、教学目标

1. 能正确识别 AMD 公司、Intel 公司的主流 CPU 产品;
2. 能正确识别内存条;
3. 能正确识别并区分微星、Intel、华硕等主板;
4. 能正确识别硬盘、光驱。

三、教学资源

1. 多媒体教室。
展示从网络上下载的最新计算机组成部件。
2. 计算机组装与维护基础实训室。
(1) 各种型号的 CPU、内存条、主板、硬盘、光驱(每样 10 个);
(2) 旧计算机 40 台。

四、教学组织

1. 8 人一组进行理论实践一体化教学;
2. 组内成员讨论各计算机硬件组成部件的外部特征;
3. 组与组之间交流计算机硬件组成部件的识别心得;
4. 教师总结。

五、教学任务分解及课时分配

教学阶段	相关知识	活动设计(讲解、示范、组织、指导、安排、操作)	课时
微机硬件的基本知识	计算机硬件组成	1. 参观计算机组装与维护基础实训室 2. 在基础实训室现场讲解计算机硬件组成	1

教学阶段	相关知识	活动设计（讲解、示范、组织、指导、安排、操作）	课时
4 计算机硬件组成部件的识别	1. CPU、内存条、主板、硬盘、光驱的发展历史 2. 计算机硬件组成部件的技术参数	1. 向学生展示不同时期的 CPU、内存条、主板、硬盘、光驱 2. 通过实物展示，讲解 CPU、内存条、主板、硬盘、光驱的发展历史 3. 讲解：(1) 主流 CPU 的性能指标、识别方法 (2) 主流内存、主板的组成、识别方法 (3) 主流硬盘、光驱的识别方法 4. 学生识别 CPU、内存条、主板、硬盘、光驱 5. 组内成员讨论 CPU、内存条、主板、硬盘、光驱等部件的外部特征 6. 组与组之间交流 CPU、内存条、主板、硬盘、光驱等部件的识别心得 7. 教师总结，指导学生正确识别 CPU、内存条、主板、硬盘、光驱的技巧、方法	4
检查评定	CPU、内存条、主板、硬盘、光驱各自的特点、外观	1. 组内、组与组之间成员互查 2. 教师抽查学生 CPU、内存条、主板、硬盘、光驱的识别情况 3. 教师最后归纳出典型问题，并分析、找出原因，然后教师再示范，直到学生能正确识别	1

六、评价方案

评价指标	评价标准	评价依据	权重	得分
计算机硬件组成部件的识别	1. 5 种不同类型的 CPU 都能正确识别得 20 分 2. 只能正确识别其中 4 种不同类型的 CPU 得 16 分 3. 只能正确识别其中 3 种不同类型的 CPU 得 12 分 4. 只能正确识别其中 2 种不同类型的 CPU 得 8 分 5. 只能正确识别其中 1 种 CPU 得 5 分 6. 不能正确识别不同类型的 CPU 得 0 分	课堂回答	20	
	1. 5 种不同类型的内存条都能正确识别得 20 分 2. 只能正确识别其中 4 种不同类型的内存条得 16 分 3. 只能正确识别其中 3 种不同类型的内存条得 12 分 4. 只能正确识别其中 2 种不同类型的内存条得 8 分 5. 只能正确识别其中 1 种内存条得 5 分 6. 不能正确识别不同类型的内存条得 0 分	课堂回答	20	
	1. 5 种不同类型的主板都能正确识别得 20 分 2. 只能正确识别其中 4 种不同类型的主板得 16 分 3. 只能正确识别其中 3 种不同类型的主板得 12 分 4. 只能正确识别其中 2 种不同类型的主板得 8 分 5. 只能正确识别其中 1 种主板得 5 分 6. 不能正确识别不同类型的主板得 0 分	课堂回答	20	
	1. 5 种不同类型的硬盘都能正确识别得 10 分 2. 只能正确识别其中 3～4 种不同类型的硬盘得 8 分 3. 只能正确识别其中 2～3 种不同类型的硬盘得 5 分 4. 只能正确识别其中 1～2 种不同类型的硬盘得 3 分 5. 不能正确识别不同类型的硬盘得 0 分	课堂回答	15	

续 表

评价指标	评价标准	评价依据	权重	得分
计算机硬件组成部件的识别	1. 4种不同类型的光驱都能正确识别得10分 2. 只能正确识别其中3种不同类型的光驱得8分 3. 只能正确识别其中2种不同类型的光驱得5分 4. 只能正确识别其中1种光驱得3分 5. 不能正确识别不同类型的光驱得0分	课堂回答	15	
态度	A. 能认真、仔细、沉着、冷静地观察计算机部件 B. 不能认真、仔细、沉着、冷静地观察计算机部件	课堂记录、表现	10	

活动 1 了解个人计算机

一、计算机发展概况

计算机于1946年问世,它一诞生,就立即成了先进生产力的代表,掀开自工业革命后的又一场新的科学技术革命。要追溯计算机的发明,可以由中国古时开始说起,古时人类发明算盘去处理一些数据,利用拨弄算珠的方法,人们无需进行心算,通过固定的口诀就可以将答案计算出来。这种被称为"计算与逻辑运算"的运作概念传入西方后,被美国人加以发扬光大。直到16世纪,西方发明了一部可协助处理乘数等较为复杂数学算式的机械,被称为"棋盘计算器",但这一时期只属于纯计算的阶段,直到20世纪才有急速的发展。近10年来,计算机的应用日益深入到社会的各个领域,如管理、办公自动化等。由于计算机日益向智能化方向发展,人们干脆把微型计算机称之为"电脑"。

人类所使用的计算工具是随着生产的发展和社会的进步,从简单到复杂、从低级到高级的发展过程,计算工具相继出现了如算盘、计算尺、手摇机械计算机、电动机械计算机等。1946年,世界上第一台电子数字计算机(ENIAC)在美国诞生。这台计算机由18 000多个电子管组成,占地170 m^2,总重量为30 t,每小时耗电140 kW,运算速度达到每秒能进行5 000次加法或300次乘法。

电子计算机在短短的50多年里经过了电子管、晶体管、集成电路(IC)和超大规模集成电路(VLSI)四个阶段的发展,使计算机的体积越来越小,功能越来越强,价格越来越低,应用越来越广泛,目前正朝智能化(第五代)计算机方向发展。

1. 第一代电子计算机

第一代电子计算机是从1946年至1958年。它们体积较大,运算速度较低,存储容量不大,而且价格昂贵。使用也不方便,为了解决一个问题,所编制的程序的复杂程度难以表述。这一代计算机主要用于科学计算,只在重要部门或科学研究部门使用。

2. 第二代电子计算机

第二代计算机是从1958年到1965年。它们全部采用晶体管作为电子器件,其运算速度比第一代计算机的速度提高了近百倍,体积为原来的几十分之一。在软件方面开始使用计算机算法语言。这一代计算机不仅用于科学计算,还用于数据处理和事务处理以及工业控制。

3. 第三代电子计算机

第三代计算机是从 1965 年到 1970 年。这一时期的主要特征是以中、小规模集成电路为电子器件,并且出现操作系统,使计算机的功能越来越强,应用范围越来越广。它们不仅用于科学计算,还用于文字处理、企业管理、自动控制等领域,出现了计算机技术与通信技术相结合的信息管理系统,可用于生产管理、交通管理、情报检索等领域。

4. 第四代电子计算机

第四代计算机是指从 1971 年以后采用大规模集成电路(LSI)和超大规模集成电路(VLSI)为主要电子器件制成的计算机。例如 80386 微处理器,在面积约为 10 mm×10 mm 的单个芯片上,可以集成大约 32 万个晶体管。

第四代计算机的另一个重要分支是以大规模、超大规模集成电路为基础发展起来的微处理器和微型计算机。

5. 第五代计算机

第五代计算机将信息采集、存储、处理、通信和人工智能结合在一起,具有形式推理、联想、学习和解释能力。它的系统结构将突破传统的冯·诺依曼机器的概念,实现高度的并行处理。

二、计算机的分类

通常人们又按照计算机的运算速度、字长、存储容量、软件配置及用途等多方面的综合性能指标,将计算机分为巨型机、大型通用机、小型机、工作站和微型计算机等几类。

1. 巨型机

巨型机有极高的速度、极大的容量。用于国防尖端技术、空间技术、大范围长期性天气预报、石油勘探等方面。目前这类机器的运算速度可达每秒千万亿次。这类计算机在技术上朝以下两个方向发展:

一是开发高性能器件,特别是缩短时钟周期,提高单机性能。

二是采用多处理器结构,构成超并行计算机,通常由 100 台以上的处理器组成超并行巨型计算机系统,它们同时解算一个课题,来达到高速运算的目的。

由国防科技大学计算机学院在 2009 年研制的"天河一号"计算机,峰值性能达到每秒千万亿次浮点运算,其各项指标均达到当时国际先进水平,它使我国高端计算机系统的研制水平再上一个新台阶。

2. 大型通用机

这类计算机具有极强的综合处理能力和极大的性能覆盖面。在一台大型机中可以使用几十台微机或微机芯片,用以完成特定的操作。其可同时支持上万个用户,可支持几十个大型数据库。大型通用机主要应用在政府部门、银行、大公司、大企业等。

大型机研制周期长,设计技术与制造技术非常复杂,耗资巨大,需要相当数量的设计师协同工作。大型机在体系结构、软件和外设等方面又有极强的继承性。因此,国外只有少数公司能够从事大型机的研制、生产和销售工作。

3. 小型机

小型机的机器规模小、结构简单、设计试制周期短,便于及时采用先进工艺技术,软件开发成本低,易于操作维护。它们已广泛应用于工业自动控制、大型分析仪器、测量设备、企业管理、大学和科研机构等,也可以作为大型与巨型计算机系统的辅助计算机。近年来,小型机的发展格外引人注目。特别是 RISC(Reduced Instruction Set Computer,缩减指令系统计算机)体系结构,顾名思义就是指令系统简化、缩小了的计算机,而过去的计算机则统属于 CISC(复杂指令系统计算机)体系结构。

RISC 的思想是把那些很少使用的复杂指令用子程序来取代,将整个指令系统限制在数量甚少的基本指令范围内,并且绝大多数指令的执行都只占一个时钟周期,甚至更少,优化编译器,从而提高机器的整体性能。

4. 工作站

工作站是一种高档微机系统。它具有较高的运算速度,既具有大、中、小型机的多任务、多用户能力,也兼具微型机的操作便利和良好的人机界面。工作站可连接多种输入、输出设备,而其最突出的特点是图形功能强,具有很强的图形交互与处理能力,因此在工程领域,特别是在计算机辅助设计(CAD)领域得到迅速应用。

5. 微型计算机

以微处理器为中央处理单元而组成的个人计算机(PC)简称微型机或微机。1971年,美国 Intel 公司成功地在一块芯片上实现了中央处理器的功能,制成了世界上第 1 片 4 位微处理器 MPU,也称 Intel 4004,并由它组装成第 1 台微型计算机 MCS-4,由此揭开了微型计算机大普及的序幕。

当前,个人计算机已渗透到各行各业和千家万户。它既可以用于日常信息处理,又可用于科学研究。个人计算机的出现使得计算机真正面向全人类,真正成为大众化的信息处理工具。

6. 服务器

当计算机最初用于信息管理时,信息的存储和管理是分散的,这种方式的弱点是数据的共享程度低,数据的一致性难以保证。于是以数据库为标志的新一代信息管理技术发展起来,而以大容量磁盘为手段、以集中处理为特征的信息系统也发展起来。20 世纪 80 年代 PC 机的兴起冲击了这种集中处理的模式,而计算机网络的普及更加剧了这一变化。数据库技术也相应延伸到了分布式数据库,客户机/服务器的应用模式出现了。

近年来,随着因特网的普及,各种档次的计算机在网络中发挥着各自不同的作用,而服务器在网络中扮演着最主要的角色。服务器可以是大型机、小型机、工作站或高档微机。服务器可以提供信息浏览、电子邮件、文件传送、数据库、打印以及多种应用服务。

三、微型计算机的发展阶段

微型计算机的发展大致经历了以下 5 个阶段:

1. 第一阶段

1971—1973 年,微处理器有 4004、4040、8008。1971 年 Intel 公司研制出 MCS-4 微型计算机(CPU 为 4040,四位机)。后来又推出以 8008 为核心的 MCS-8 型。

2. 第二阶段

1973—1977年，微型计算机的发展和改进阶段。微处理器有8080、8085、M6800、Z80。初期产品有Intel公司的MCS-80型（CPU为8080，八位机）。后期有TRS-80型（CPU为Z80）和APPLE-II型（CPU为6502），在1980年代初期曾一度风靡世界。

3. 第三阶段

1977—2001年，十六位微型计算机的发展阶段，微处理器有8086、8088、80186、80286、M68000、Z8000。微型计算机代表产品是IBM-PC（CPU为8086）。本阶段的顶峰产品是APPLE公司的Macintosh（1984年）和IBM公司的PC/AT286（1986年）微型计算机。

4. 第四阶段

1983—2001年，开始为32位微型计算机的发展阶段。微处理器相继推出80386、80486。386、486微型计算机是初期产品。1993年，Intel公司推出了Pentium或称P5（中文译名为"奔腾"）的微处理器，它具有64位的内部数据通道。Pentium III（也有人称P7）微处理器已成为主流产品，Pentium IV微处理器也在2000年10月推出。

5. 第五阶段

从2001年至今，主要有Intel公司的Core系列产品和AMD公司的龙系列产品，CPU也从单核心发展到双核心、三核心、四核心、六核心。

由此可见，微型计算机的性能主要取决于它的核心器件——微处理器（CPU）的性能。

 活动 2 了解计算机的发展趋势

当今计算机科学发展趋势，可以把它分为三维考虑。一维是向"高"度方向发展。性能越来越高，速度越来越快，主要表现在计算机的主频越来越高。另一维就是向"广"度方向发展，计算机发展的趋势就是无处不在，以至于像"没有计算机一样"。近年来更明显的趋势是网络化与向各个领域的渗透，即在广度上的发展开拓。第三维是向"深"度方向发展，即向信息的智能化方向发展。具体说来计算机的发展将趋向超高速、超小型、平行处理和智能化，量子、光子、分子和纳米计算机将具有感知、思考、判断、学习及一定的自然语言能力，使计算机进入人工智能时代。这种新型计算机将推动新一轮计算技术革命，并带动光互联网的快速发展，对人类社会的发展产生深远的影响。

一、智能化的超级计算机

超高速计算机采用平行处理技术改进计算机结构，使计算机系统同时执行多条指令或同时对多个数据进行处理，进一步提高计算机运行速度。超级计算机通常是由数百数千甚至更多的处理器（机）组成，能完成普通计算机和服务器不能计算的大型复杂任务。从超级计算机获得的数据分析和模拟成果，能推动各个领域高精尖项目的研究与开发，为我们的日常生活带来各种各样的便利。最大的超级计算机接近于复制人类大脑的能力，具备更多的智能成分，方便人们的生活、学习和工作。世界上最受欢迎的动画片以及

很多耗巨资拍摄的电影中,使用的特技效果都是在超级计算机上完成的。日本、美国、以色列、中国和印度首先成为世界上拥有每秒运算 1 万亿次的超级计算机的国家,超级计算机已在科技界引起开发与创新狂潮。

二、新型高性能计算机问世

硅芯片技术高速发展的同时,也意味着硅技术越来越接近其物理极限。为此,世界各国的研究人员正在加紧研究开发新型计算机,计算机的体系结构与技术都将产生一次量与质的飞跃。新型的量子计算机、光子计算机、分子计算机、纳米计算机等,将会在 21世纪走进我们的生活,遍布各个领域。

1. 量子计算机

量子计算机的概念源于对可逆计算机的研究,量子计算机是一类遵循量子力学规律进行高速数学和逻辑运算、存储及处理量子信息的物理装置。量子计算机是基于量子效应基础上开发的,它利用一种链状分子聚合物的特性来表示开与关的状态,利用激光脉冲来改变分子的状态,使信息沿着聚合物移动,从而进行运算。量子计算机中的数据用量子位存储。由于量子叠加效应,一个量子位可以是 0 或是 1,也可以既存储 0 又存储 1。因此,一个量子位可以存储两个数据,同样数量的存储位,量子计算机的存储量比普通计算机大许多。同时量子计算机能够实行量子并行计算,其运算速度可能比目前计算机的Pentium DI 晶片快 10 亿倍。除具有高速并行处理数据的能力外,量子计算机还将对现有的保密体系、国家安全意识产生重大的冲击。

无论是量子并行计算还是量子模拟计算,本质上都是利用了量子相干性。世界各地的许多实验室正在以巨大的热情追寻着这个梦想。目前已经提出的方案主要利用了原子和光腔相互作用、冷阱束缚离子、电子或核自旋共振、量子点操纵、超导量子干涉等。量子编码采用纠错、避错和防错等。量子计算机使计算的概念焕然一新。

2. 光子计算机

光子计算机是一种由光信号进行数字运算、逻辑操作、信息存储和处理的新型计算机。它由激光器、光学反射镜、透镜、滤波器等光学元件和设备构成,靠激光束进入反射镜和透镜组成的阵列进行信息处理,以光子代替电子,光运算代替电运算。光的并行、高速,天然地决定了光子计算机的并行处理能力很强,具有超高运算速度。光子计算机还具有与人脑相似的容错性,系统中某一元件损坏或出错时,并不影响最终的计算结果。光子在光介质中传输所造成的信息畸变和失真极小,光传输、转换时能量消耗和散发的热量极低,对环境条件的要求比电子计算机低得多。

光子计算机由光学反射镜、透镜、滤波器等光学元件和设备组成。有模拟式与数字式两类光子计算机。模拟式光子计算机的特点是直接利用光学图像的二维性,因而结构比较简单。这种光子计算机现在已用于卫星图片处理和模式识别工作。美国以前提出的星球大战计划,就打算发展这种计算机来识别高速飞行的导弹图像。数字式光子计算机的结构方案有许多种,其中认为开发价值比较大的有两种,一种是采用电子计算机中已经成熟的结构,只是用光学逻辑元件取代电子逻辑元件,用光子互联代替导线互连。另外一种是全新的,以并行处理(光学神经网络)为基础的结构,其在 20 世纪 80 年代制成了光学信息处理机年数字光处理机也获得成功,它由激光器、透镜和棱镜等组成。虽然光子计算机研制已经成功,但在目前来说,光子计算机在功能以及运算速度等方面,还赶不上电子计算机,我们使用的主要还是电子计算机,今后也将致力发展电子计算机。但是,从发展的潜力大小来说,显然光子计算机比电子计算机大得多,特别是在对图像处理、目标识别和人工智能等方面,光子计算机将来发挥的作用远比电子计算机大。

光子计算机有以下优势:

(1)光子不带电荷,光信号传输具有并行性;

(2)光子没有静止质量;

(3)超高速的运算速度;

(4)超大规模的信息存储容量;

(5)能量消耗小,散发热量低。

3. 纳米计算机

纳米计算机是指将纳米技术运用于计算机领域所研制出的一种新型计算机。"纳米"本是一个计量单位,采用纳米技术生产芯片成本十分低廉,因为它既不需要建造超洁净的生产车间,也不需要昂贵的实验设备和庞大的生产队伍。只要在实验室里将设计好的分子合在一起,就可以造出芯片,大大降低了生产成本。

纳米计算机是用纳米技术研发的新型高性能计算机。纳米管元件尺寸在几到几十纳米范围之间,质地坚固,有着极强的导电性,能代替硅芯片制造计算机。"纳米"是一个计量单位,大约是氢原子直径的10倍。纳米技术是从20世纪80年代初迅速发展起来的新的前沿科研领域,最终目标是人类按照自己的意志直接操纵单个原子,制造出具有特定功能的产品。现在纳米技术正从微电子机械系统起步,把传感器、电动机和各种处理器都放在一个硅芯片上而构成一个系统。应用纳米技术研制的计算机内存芯片,其体积只有数百个原子大小,相当于人的头发丝直径的千分之一。纳米计算机不仅几乎不需要耗费任何能源,而且其性能要比今天的计算机强大许多倍。美国正在研制一种连接纳米管的方法,用这种方法连接的纳米管可用作芯片元件,发挥电子开关、放大和晶体管的功能。专家预测,10年后纳米技术将会走出实验室,成为科技应用的一部分。纳米计算机体积小、造价低、存量大、性能好,将逐渐取代芯片计算机,推动计算机行业的快速发展。

我们相信,新型计算机与相关技术的研发和应用,是21世纪科技领域的重大创新,必将推进全球经济社会高速发展,实现人类发展史上的重大突破。科学在发展,人类在进步,历史上的新生事物都要经过一个从无到有的艰难历程,随着一代又一代科学家们的不断努力,未来的计算机一定会是更加方便人们的工作、学习、生活的好伴侣。

活动 3　了解计算机的硬件组成

一个完整的计算机系统是由硬件系统和软件系统两大部分组成的。硬件系统是软件系统的基础,软件系统是硬件系统的完善和补充,两者相辅相成,缺一不可。

无论是巨型机、大型机、小型机,还是微型机,尽管它们在规模和性能方面存在着极大的差别,但其硬件系统都是由运算器、控制器、存储器、输入设备、输出设备等五部分组成。

1. 运算器

运算器是计算机中进行算术运算和逻辑运算的单元,通常由算术逻辑运算单元(ALU,Arithmetic Logic Unit)、加法器及通用寄存器组成。

2. 控制器

控制器负责从存储器中逐条取出指令、分析指令,并按指令要求发出相应的控制信号指挥各执行部件工作。控制器主要由指令寄存器、译码器、程序计数器、操作控制器等组成。

3. 存储器

存储器是用来存放各类程序和数据信息。可分为内存储器(简称内存或主存储器)和外存储器(简称外存或辅助存储器)。一般我们说到的存储器,指的是计算机的内存。内存储器主要采用半导体集成电路制成,可分为随机存储器(RAM,Random Access Memory)和只读存储器(ROM,Read Only Memory)。内存容量较小,但存取速度快。常与中央处理器一起组成计算机的主机。

外存一般采用磁性介质或光学材料制成,容量大,但存取速度较慢,如磁盘、磁带和光盘等。外存作为计算机的外部设备来使用。

4. 输入设备

输入设备用于从计算机外部将数据、命令输入到计算机的内部,供计算机处理。常用的输入设备有键盘、鼠标、磁盘驱动器、磁带机、光笔、CD-ROM 驱动器、扫描仪、数字化仪和摄像机等。

5. 输出设备

输出设备是将计算机处理后的结果信息,转换成人们能够识别和使用的数字、文字、图形、声音等形式。常用的输出设备有显示器、打印机、绘图仪、音响等。

 活动 4 识别计算机硬件系统的主要部件

微型计算机从最早的 IBM PC 发展到今天的 Core i7(Intel 酷睿 i7)、Phenom(AMD 的羿龙),其各项性能指标均得到大大提高。它们都是由显示器、键盘和主机构成,主机箱有卧式和立式机箱两种。在主机箱内有主板、硬盘驱动器、光盘驱动器、内存条、声卡、网卡、显卡和电源等。

1. 主板

主板也叫系统板或母板,包括微处理器模块(CPU)、内存模块(随机存储器 RAM、只读存储器 ROM)、基本 I/O 接口、中断控制器、DMA 控制器及连接其他部件的总线,是微机内最大的一块集成电路板,也是最主要的部件。通常系统板上集成了 IDE 接口、SATA 接口、并行接口、串行接口、USB 接口、AGP 总线、PCIC 总线、PCI-E 总线、ISA 总线和键盘接口等,如图 1.1-1 所示。主流主板的品牌有华硕、技嘉、微星等。

计算机的各个组成部件都是直接或间接地连接在主板上。例如:CPU、内存条、显卡、声卡、网卡(如果需要的话)是直接插在主板上,而硬盘等是通过数据线与主板相连。

所以说主板是连接计算机各个组成部件的桥梁。

图 1.1-1　主板

2. 中央处理器(CPU,Central Processing Unit)

中央处理器主要包括运算器和控制器两大部件,它是计算机的核心部件。CPU 是一个体积不大但集成度非常高、功能强大的芯片,也称为微处理器(MPU,Micro Processor Unit),如图 1.1-2 所示。主流 CPU 的品牌有 Intel 系列、AMD 系列等。核心数量有单核心、双核心、三核心、四核心、六核心。

图 1.1-2　CPU

3. 主(内)存储器

目前,微型机的内存储器由半导体器件构成。内存储器按其性能和特点可分为只读存储器(ROM)和随机存储器(RAM)两大类。

只读存储器(ROM):只能从 ROM 中读出数据,不能写入。存放在 ROM 中的信息,在没有电源的情况下,也能保持。

随机存储器(RAM):既能读,又能写。但存放在 RAM 中的信息,在没有电源的情况下,就不能保持。RAM 又分为:静态随机存储器(SRAM)和动态随机存储器(DRAM),由于 SRAM 的速度比 DRAM 的速度快,所以 SRAM 用作高速缓存,而 DRAM 用作一般内存。

主流内存条的品牌有金士顿、威刚、海盗船等(见图 1.1-3)。

图 1.1-3　内存条

目前,使用的内存条大多数是 DDR 内存条。DDR 内存条从出现到现在,已经经历了四代的发展。

(1) DDR

双倍速内存(DDR,Double Data Rate)。严格地说 DDR 应该叫 DDR SDRAM,人们习惯称之为 DDR。

与 SDRAM 相比:DDR 运用了更先进的同步电路,使指定地址、数据的输送和输出等主要步骤既能独立执行,又保持与 CPU 完全同步;DDR 使用了 DLL(Delay Locked Loop,延时锁定回路提供一个数据滤波信号)技术,当数据有效时,存储控制器可使用这一数据滤波信号来精确定位数据,每 16 次输出一次,并重新同步来自不同存储器模块的数据。DDR 本质上不需要提高时钟频率就能加倍提高 SDRAM 的速度,它允许在时钟脉冲的上升沿和下降沿读出数据,因而其速度是标准 SDRAM 的两倍。

从外形体积上相比 DDR 与 SDRAM 差别并不大,它们具有同样的尺寸和同样的针脚距离。但 DDR 为 184 个针脚,比 SDRAM 多出了 16 个针脚,主要包含了新的控制、时钟、电源和接地等信号。DDR 内存采用的是支持 2.5 V 电压的 SSTL2 标准,而不是 SDRAM 使用的 3.3 V 电压的 LVTTL 标准。

DDR 内存的频率可以用工作频率和等效频率两种方式表示,工作频率是内存颗粒实际的工作频率,但是由于 DDR 内存可以在时钟脉冲的上升和下降沿都传输数据,因此传输数据的等效频率是工作频率的两倍。

(2) DDR2

DDR2 发明与发展:

DDR2/DDRⅡ(Double Data Rate2)SDRAM 是由 JEDEC(电子设备工程联合委员会)进行开发的新生代内存技术标准,它与上一代 DDR 内存技术标准最大的不同就是,虽然同是采用了在时钟脉冲的上升/下降沿同时进行数据传输的基本方式,但 DDR2 内存却拥有两倍于上一代 DDR 内存的预读取能力(即:4 bit 数据读预取)。换句话说,DDR2 内存每个时钟能够以 4 倍外部总线的速度读/写数据,并且能够以 4 倍于内部控制总线的速度运行。

DDR2 内存采用 1.8 V 电压,相对于 DDR 标准的 2.5 V,降低了不少,从而提供了明显的更小的功耗与更小的发热量,这一点的变化是意义重大的。

(3) DDR3

早在 2002 年 6 月 28 日,JEDEC 就宣布开始研发 DDR3 内存标准,但从目前的情况来看,DDR2 才刚开始普及,DDR3 标准更是连影也没见到。不过目前已经有众多厂商拿出了自己的 DDR3 解决方案,纷纷宣布成功开发出了 DDR3 内存芯片,从中用户仿佛能感觉到 DDR3 临近的脚步。而从已经有芯片可以生产出来这一点来看,DDR3 的标准设计工作也已经接近尾声。

半导体市场调查机构 iSuppli 曾预测 DDR3 内存将会在 2008 年替代 DDR2 成为市场上的主流产品,iSuppli 认为在那个时候 DDR3 的市场份额将达到 55%。不过,就具体的设计来看,DDR3 与 DDR2 的基础架构并没有本质的不同。从某种角度讲,DDR3 是为了解决 DDR2 发展所面临的限制而催生的产物。

面向 64 位构架的 DDR3 显然在频率和速度上拥有更多的优势,此外,由于 DDR3 所采用的根据温度自动自刷新、局部自刷新等其他一些功能,在功耗方面 DDR3 也要出色得多,因此,它可能首先受到移动设备的欢迎,就像最先迎接 DDR2 内存的不是台式机而是服务器一样。在 CPU 外频提升最迅速的 PC 台式机领域,DDR3 的未来也是一片光明。目前 Intel 所推出的新芯片——熊湖(Bear Lake),其将支持 DDR3 规格,而 AMD 也预计同时在 K9 平台上支持 DDR2 及 DDR3 两种规格。

(4) DDR4

据介绍,JEDEC 将会在不久之后启动 DDR4 内存峰会,而这也标志着 DDR4 标准制定工作的展开。

JEDEC 表示于美国召开的存储器大会上就考虑过 DDR4 内存要尽可能得继承 DDR3 内存的规格。使用 Single-ended Signaling(传统 SE 信号)信号方式则表示 64-bit 存储模块技术将会得到继承。不过据说在即将召开的 DDR4 峰会时,DDR4 内存不仅仅只有 Single-ended Signaling 方式,大会同时会推出基于微分信号存储器标准的 DDR4 内存。

因此 DDR4 内存将会拥有两种规格。其中使用 Single-ended Signaling 信号的 DDR4 内存其传输速率已经被确认为 1.6 Gbps～3.2 Gbps,而基于微分信号技术的 DDR4 内存其传输速率则将可以达到 6.4 Gbps。由于通过一个 DRAM 实现两种接口基本上是不可能的,因此 DDR4 内存将会同时存在基于传统 SE 信号和微分信号的两种规格产品。

根据多位半导体业界相关人员的介绍,DDR4 内存将会是 Single-ended Signaling(传统 SE 信号)方式与 Differential Signaling(差分信号技术)方式并存。其中 AMD 公司的 PhilHester 先生也对此表示了确认。预计这两个标准将会推出不同的芯片产品,因此在 DDR4 内存时代用户将会看到两个互不兼容的内存产品。

4. 外存储器

外存储器用于存储暂时不用的程序和数据。常用的有 U 盘、硬盘、光盘存储器。

(1) USB 闪存存储器(U 盘)

U 盘(USB Flash Disk)是一种新型的移动存储交换产品,如图 1.1-4 所示。可用于存储任何数据文件并可以在计算机间方便地交换文件。它使用快闪内存作为存储媒介(Flash Memory)和通用串行总线(USB)接口。USB 接口有 1.0、2.0、3.0 等类型。USB 3.0 是最新的 USB 规范,该规范由 Intel 等大公司发起。USB 2.0 规范已经得到了 PC 厂商普遍认可。USB 2.0 规范的最高传输速率为 480 Mbps,即 60 MB/s。不过,用户要注意这是理论传输值,如果几台设备共用一个 USB 通道,主控制芯片会对每台设备可支配的带宽进行分配、控制。如在USB 1.0 规范中,所有设备只能共享 1.5 MB/s 的带宽。如果单一的设备占用 USB 接口所有带宽的话,就会给其他设备的使用带来困难。

主流 U 盘的品牌有金士顿、联想、爱国者、SanDisk 等。

图 1.1-4　U 盘

(2) 硬磁盘存储器

硬盘一般由多个盘片固定在一个公共的转轴上,构成盘片组,如图 1.1-5 所示。微机上使用的硬盘采用了温彻斯特技术,它把硬盘驱动电机和读写磁头等组装并封装在一起,称为温彻斯特驱动器。主流硬盘的品牌有西部数据、希捷、日立、三星等。

图 1.1-5　硬盘

(3) 光盘存储器

CD-ROM(Compact Disc Read Only Memory)称作压缩只读存储器或只读光盘。由

15

CD-ROM 光盘和 CD-ROM 光盘驱动器(或 CD-ROM 光驱)两部分组成。

光盘驱动器是多媒体计算机配置中重要的外围设备。主要用来读取光盘上的信息。此外它还可以用来播放 CD、VCD。

5. 显卡

显卡全称为显示接口卡(Videocard,Graphicscard),又称为显示适配器(Video-adapter),是个人电脑最基本的组成部分之一。显卡的用途是将计算机系统所需要的显示信息进行转换驱动,并向显示器提供行扫描信号,控制显示器的正确显示。显卡是连接显示器和个人电脑主板的重要元件,是"人机对话"的重要设备之一。

主流显卡的品牌有七彩虹、影驰、华硕等。

6. 声卡

声卡(Sound Card)也叫音频卡,声卡是多媒体技术中最基本的组成部分,是实现声波/数字信号相互转换的一种硬件。声卡的基本功能是把来自话筒、磁带、光盘的原始声音信号加以转换,输出到耳机、扬声器、扩音机、录音机等声响设备,或通过音乐设备数字接口(MIDI)使乐器发出美妙的声音,如图1.1-6 所示。

主流声卡的品牌有创新、乐之邦、德国坦克等。

图 1.1-6　声卡

7. 网卡

计算机与外界局域网的连接是通过主机箱内插入一块网络接口板(或者是在笔记本电脑中插入一块 PCMCIA 卡)。网络接口板又称为通信适配器或网络适配器(Adapter)或网络接口卡(NIC,Network Interface Card),但是现在更多的人愿意使用更为简单的名称"网卡"(见图1.1-7)。

主流网卡的品牌有友讯、华为、腾达、中兴等。

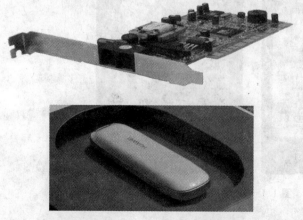

图 1.1-7　网卡

8. 输入设备

微型机上常见的输入设备有键盘（Keyboard）、鼠标（Mouse）、扫描仪（Scanner）等。另外一些新产品诸如触摸屏（TouchScreen）、条形码阅读器（BarcodeReader）、图形数字化仪（Digitizer）与光学符号阅读器（OCR）。

（1）键盘

标准输入设备键盘，如图 1.1-8 所示。键盘是用来向微机输入命令、程序和数据。普遍使用的是通用扩展键盘。

17

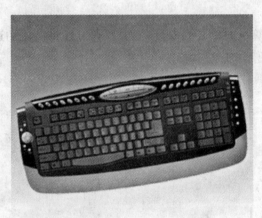

图 1.1-8　无线键盘

（2）鼠标

鼠标全称：显示系统纵横位置指示器，因形似老鼠而得名"鼠标"（港台地区称作滑鼠）。"鼠标"的标准称呼应该是"鼠标器"，英文名为"Mouse"。鼠标的使用是为了使计算机的操作更加简便，来代替键盘繁琐的指令。

如图 1.1-9 所示，鼠标器操作简便、高效。

图 1.1-9　鼠标

9. 输出设备

微型计算机上最常用的输出设备有显示器(Display Unit)和打印机(Printer)。

（1）显示器

显示器又称监视器(Monitor)，是微机系统的标准输出设备，它能快速地将计算机输入的原始信息和运算结果直接转换成用户能直接观察和阅读到的光信号，输出的信息可以是字符、汉字、图形或图像。微机显示系统由显示器和显示控制适配卡(Adapter，简称显示适配卡或显示卡)组成。

（2）打印机

打印机是微型计算机的重要输出设备之一，它可以将机器的运行信息、中间信息等输出到打印纸上，以便用户保存和修改。

模块 1.2　计算机的硬件组装

19

一、项目描述

以计算机硬件组成部件 CPU、主板、内存、硬盘为载体,要求学生在计算机组装与维护实训室学习完成计算机硬件组装的识别任务,从而培养学生的计算机硬件组装能力,有利于学生将来在计算机硬件维护工程师岗位的就业。

二、教学目标

1. 能正确安装 AMD 公司、Intel 公司的主流 CPU 产品;
2. 能正确安装内存条;
3. 能正确安装并区分微星、Intel、华硕等主板;
4. 能正确安装硬盘、光驱;
5. 能正确设置各种跳线。

三、教学资源

1. 计算机组装与维护基础实训室。
(1) 各种型号的 CPU、内存条、主板、硬盘、光驱(每样 10 个);
(2) 旧计算机 40 台。
2. 计算机组装与维护强化实训室。
3. 螺丝刀 40 把、老虎钳 10 把。

四、教学组织

1. 在计算机组装与维护理论基础上组装计算机。
教师示范、学生安装、教师指导。
2. 当学生初步掌握整机安装后,安排学生到强化实训室组装计算机。

五、教学任务分解及课时分配

教学阶段	相关知识	活动设计(讲解、示范、组织、指导、安排、操作)	课时
计算机硬件组装的准备	计算机硬件组装时的注意事项、操作规程	1. 展示计算机硬件的各个组成部分:CPU、内存条、主板、硬盘、光驱 2. 讲解计算机硬件组装时的注意事项、操作规程 3. 每人一台计算机,保证人人都有动手实训的机会	1

续　表

教学阶段	相关知识	活动设计(讲解、示范、组织、指导、安排、操作)	课时
计算机硬件组装	CPU、内存条、主板、硬盘、光驱的安装	以下 1 至 5 步骤在基础实训室完成 1. 教师示范主板的安装、学生安装主板、教师指导 2. 教师示范 CPU 的安装、学生安装 CPU、教师指导 3. 教师示范内存条的安装、学生安装内存条、教师指导 4. 教师示范硬盘、光驱的安装,学生安装硬盘、光驱,教师指导 5. 教师示范整机的安装(包括跳线)、学生安装整机、教师指导 6. 当学生初步掌握整机安装后,安排学生到强化实训室组装计算机 以上过程,教师示范、学生安装、教师指导	2
检查评定	CPU、内存条、主板、硬盘、光驱的安装	检查学生是否能正确安装 CPU、内存条、主板、硬盘、光驱,是否能正确设置跳线,如果不能正确安装、设置,则需分析、找出原因,教师示范,直到学生能正确安装、设置	1

（左侧页码：20）

六、评价方案

评价指标	评价标准	评价依据	权重	得分
计算机硬件组装	1. CPU 安装正确得 20 分 2. CPU 安装不正确得 0 分	CPU 安装结果	20	
	1. 内存条安装正确得 20 分 2. 内存条安装不正确得 0 分	内存条安装结果	20	
	1. 主板安装正确得 10 分 2. 主板安装不正确得 0 分	主板安装结果	15	
	1. 硬盘和光驱安装都正确得 20 分 2. 正确安装硬盘或光驱得 10 分 3. 一种也不能正确安装的得 0 分	硬盘和光驱安装结果	15	
	1. I/O 接口安装正且跳线设置正确得 20 分 2. I/O 接口安装正确或跳线设置正确得 10 分 3. 不能正确安装和正确设置跳线的得 0 分	I/O 接口安装结果,跳线设置结果	20	
态度	A. 自我保护的能力较强 B. 自我保护的能力一般 C. 自我保护的能力较差	操作过程	10	

活动 1　准备组装计算机

一、准备组装计算机用的工具

1. 小号十字螺丝刀。

2. 小号平头螺丝刀。

3. 镊子。

4. 尖嘴钳。

5. 空杯盖。

6. 多用插座板。

二、准备组装计算机时的思想准备

1. 装配操作规程

(1) 器件测试。

(2) 断电操作。

(3) 防静电处理。

(4) 在微机装配过程中,对所有板卡及配件均要轻拿轻放,不要用力过度。

(5) 使用钳子和螺丝刀等工具时要注意安全。

(6) 固定板卡和设备的螺丝有两种规格,一种是细纹螺丝;一种是粗纹螺丝。

2. 整机组装程序

计算机组装的核心是主机部分的组装,无论采用立式机箱还是卧式机箱,其组装方法基本相同。

三、制订攒机方案购买计算机配件

1. 关注行情。

2. 确定配置,实用为主。

3. 选择配件宜集中。

四、装机前的注意事项

1. 防静电。

2. 禁止带电操作。

3. 轻拿轻放所有部件。

4. 用螺丝刀紧固螺丝时,应做到适可而止。

五、组装计算机硬件的一般步骤

1. 在主机箱上安装好电源。

2. 根据所选 CPU 的类型、速度等对主机进行设置。

3. 在主板上安装 CPU。

4. 安装内存条。

5. 把主板固定到主机箱内。

6. 连接电源到主板上的电源线上。

7. 安装硬盘驱动器、光盘驱动器和软盘驱动器等外存储器。

8. 连接软、硬盘驱动器信号和电源电缆。

9. 安装显示卡。

10. 连接主板到机箱前面的指示灯及开关的连线。

11. 连接键盘、鼠标和显示器。

12. 从头再检查一遍,准备开机加电进行测试。

活动 2 开始组装计算机

一、安装 CPU

1. CPU 的组成

CPU 内部结构大概可以分为控制单元、运算单元、存储单元和时钟等几个主要部分。

运算器是计算机对数据进行加工处理的中心,它主要由算术逻辑部件(ALU:Arithmeticand Logic Unit)、寄存器组和状态寄存器组成。ALU 主要完成对二进制信息的定点算术运算、逻辑运算和各种移位操作。通用寄存器组是用来保存参加运算的操作数和运算的中间结果。状态寄存器在不同的机器中有不同的规定,程序中,状态位通常作为转移指令的判断条件。

控制器是计算机的控制中心,它决定了计算机运行过程的自动化。它不仅要保证程序的正确执行,而且还要能够处理异常事件。控制器一般包括指令控制逻辑、时序控制逻辑、总线控制逻辑、中断控制逻辑等几个部分。

指令控制逻辑要完成取指令、分析指令和执行指令的操作。时序控制逻辑要为每条指令按时间顺序提供应有的控制信号。一般时钟脉冲就是最基本的时序信号,是整个机器的时间基准,称为机器的主频。执行一条指令所需要的时间叫做一个指令周期,不同指令的周期有可能不同。一般为便于控制,根据指令的操作性质和控制性质不同,会把指令周期划分为几个不同的阶段,每个阶段就是一个 CPU 周期。早期 CPU 与内存在运行速度上的差异不大,所以 CPU 周期通常和存储器存取周期相同,后来随着 CPU 的发展,现在在运行速度上已经比存储器快很多了,于是常常将 CPU 周期定义为存储器存取周期的几分之一。

总线逻辑是为多个功能部件服务的信息通路的控制电路。就 CPU 而言一般分为内部总线和 CPU 对外联系的外部总线,外部总线有时候又叫做系统总线、前端总线(FSB)等。

2. 安装 CPU

CPU 的安装需要格外小心,否则就可能导致主板处理器(CPU)插槽损坏甚至报废。全新的主板,在 Socket TCPU 插槽上覆盖有塑料保护盖。如图 1.2－1 所示。

图 1.2 - 1　CPU 插槽及其上面覆盖的塑料保护盖

去掉 CPU 插槽上覆盖的塑料保护盖,就可以清楚地看到新的插槽完全是金属材料,感觉非常结实,如图 1.2 - 2 所示。

图 1.2 - 2　CPU 插槽

安装 CPU 之前,应拉起 CPU 插槽侧面的金属杆,如图 1.2 - 3 所示。

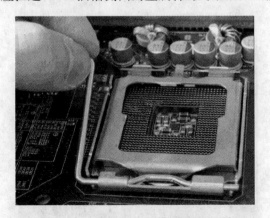

图 1.2 - 3　拉起 CPU 插槽侧面的金属杆

再打开 CPU 上面的金属框,如图 1.2 - 4 所示。

图 1.2 - 4　打开 CPU 上面的金属框

　　打开金属框之后，CPU 插槽完全展现出来，注意不要用手碰到里面的"触须"，如图 1.2 - 5 所示。

图 1.2 - 5　完全展现出来的 CPU 插槽

　　现在可以取出处理器，用户可以清楚地看到 CPU 的一侧有一个明显的凹槽，如图 1.2 - 6 所示。

图 1.2 - 6　CPU 一侧的明显凹槽

　　取 CPU 时，注意不要碰到底部的圆触点，应夹住 CPU 两侧，如图 1.2 - 7 所示。

图 1.2 - 7 取 CPU 的方法

在安装 CPU 时，应将 CPU 上的凹槽和插座上的插槽一侧的缺口对准，注意不要插错方向，如图 1.2 - 8 所示。

图 1.2 - 8 安装 CPU

有的 CPU 的两个角上有明显的缺针，称为标志角，应与主板上 CPU 插槽的标志角对应，如图 1.2 - 9 所示。

CPU 的两个缺角要与 CPU 插座上的两个切角相对应

图 1.2 - 9 两个缺角与插槽的标志角对应

也有的 CPU 只有一个角上有明显的标志，称为标志角，应与主板上 CPU 插槽的标志角对应，如图 1.2 - 10 所示。

图 1.2 - 10　一个缺角有标志与插槽标志角对应

　　把 CPU 轻轻地放在插槽上面即可(称为零插拔,即不要用任何力气,千万要避免方位不对时,用力按压 CPU),如图 1.2 - 11 所示。

图 1.2 - 11　零插拔 CPU

　　接下来的工作就是固定 CPU 了,把 CPU 插槽的金属框扣下,如图 1.2 - 12 所示。

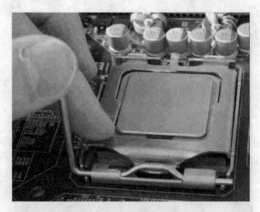

图 1.2 - 12　扣下插槽的金属框

　　最后扣下金属杆,固定 CPU,如图 1.2 - 13 所示。

图 1.2－13　扣下金属杆

在安装 CPU 的过程中，其实只要仔细、认真、沉着、冷静，一般是不会损坏主板或处理器的。关键是不要用手去触摸插槽里的一排排金属"触须"以及处理器上的圆形触点。

二、安装内存条

安装好 CPU 后，接下来就要开始安装内存条了。在安装内存条之前，可以在主板说明书上查阅主板可支持的内存类型、可以安装内存的插槽数据、支持的最大容量等。

（1）安装内存前先要将内存插槽两端的白色卡子向两边外侧扳动，将其打开，这样才能将内存插入。然后再插入内存条，以目前的 DDR 内存条为例，内存条的 1 个凹槽必须直线对准内存插槽上的 1 个凸点（隔断）。

（2）对照内存金手指的缺口与插槽上的突起部位确认内存的插入方向。

（3）将内存条垂直放入插座，双手拇指平均施力，将内存条压入插座中，此时两边的卡槽会自动往内卡住内存条。当内存条确实安插到位后，卡槽卡入内存条上的卡勾定位。

图 1.2－14 为安装内存条的示意图。

图 1.2－14　安装内存条手法

三、安装主板

对不同的机箱安装主板时也有不同的安装方法,有些机箱需要使用到螺丝刀,有些机箱是免工具安装的,但基本上都是大同小异。

(1)机箱水平放置,观察主板上的螺丝固定孔,在机箱底板上找到对应位置处的预留孔,将机箱附带的铜柱安装到这些预留孔上。这些铜柱不但有固定主板的作用,而且还有接地的功能。

(2)将主板放入机箱内,如图1.2-15所示。

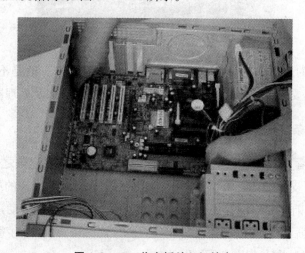

图1.2-15　将主板放入机箱内

(3)拧紧螺丝将主板固定在机箱内。

(4)连接主板电源线。将电源插头插入主板电源插座中,如图1.2-16所示。

图1.2-16　连接主板电源线

四、安装硬盘

1.硬盘接口类型

硬盘接口是硬盘与主机系统间的连接部件,作用是在硬盘缓存和主机内存之间传输数据。不同的硬盘接口决定着硬盘与计算机之间的连接速度,在整个系统中,硬盘接口的优劣直接影响着程序运行的快慢和系统性能的好坏。

(1) IDE 接口（图 1.2-17）

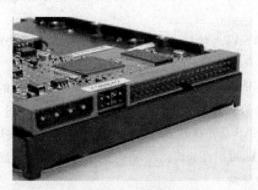

图 1.2-17 IDE 接口硬盘

电子集成驱动器（IDE, Integrated Drive Electronics）的本意是指把"硬盘控制器"与"盘体"集成在一起的硬盘驱动器。把盘体与控制器集成在一起的做法减少了硬盘接口的电缆数目与长度，数据传输的可靠性得到了增强，硬盘制造起来变得更容易，因为硬盘生产厂商不需要再担心自己的硬盘是否与其他厂商生产的控制器兼容。对用户而言，硬盘安装起来也更为方便。IDE 这一接口技术从诞生至今就一直在不断发展，性能也在不断的提高，其拥有的价格低廉、兼容性强的特点，为其造就了其他类型硬盘无法替代的地位。

IDE 代表着硬盘的一种接口类型，但在实际的应用中，人们也习惯用 IDE 来称呼最早出现的 IDE 类型硬盘 ATA-1，这种类型的接口随着接口技术的发展已经被淘汰了，而其后发展分支出更多类型的硬盘接口，例如 ATA、Ultra ATA、DMA、Ultra DMA 等接口都属于 IDE 硬盘。

(2) SATA 接口（图 1.2-18）

图 1.2-18 SATA 接口硬盘

使用 SATA（Serial ATA）接口的硬盘又叫串口硬盘，是 PC 机硬盘的发展趋势。2001年，由 Intel、APT、Dell、IBM、希捷、迈拓这几大厂商组成的 Serial ATA 委员会正式确立了 Serial ATA 1.0 规范，2002 年，虽然串行 ATA 的相关设备还未正式上市，但 Serial ATA 委员会已抢先确立了 Serial ATA 2.0 规范。Serial ATA 采用串行连接方式，串行 ATA 总线使用嵌入式时钟信号,具备了更强的纠错能力,与以往相比其最大的区别在于能对传输指令(不仅仅是数据)进行检查,如果发现错误会自动矫正,这在很大程度上提高了数据传输的可靠性。

与 IDE 接口相比,SATA 接口的优势非常明显,速度快,便于维护。

(3) SAS 接口

SAS(Serial Attached SCSI)即串行连接 SCSI,是新一代的 SCSI 技术,和 Serial ATA(SATA)硬盘相同,都是采用串行技术以获得更高的传输速度,并通过缩短连接线以改善内部空间等。SAS 是并行 SCSI 接口之后开发出的全新接口。此接口的设计是为了改善存储系统的效能、可用性和扩充性,并且提供与 SATA 硬盘的兼容性。

2. 安装 IDE 接口硬盘

硬盘通过主板的 IDE 接口与主板相连,主板上有两个 IDE 接口,每个接口可以安装两个 IDE 设备(硬盘或光驱)。如果用户将硬盘和光驱安装在同一 IDE 接口上,只有给同一数据线上的两个设备设置不同的跳线状态,才可以使主板正确的识别它们。这两个跳线的状态分别是 Master(主)和 Slave(从)。Master 表示这条 IDE 线上的第一个设备,Slave 表示这条 IDE 线上的第二个设备。如果只有 1 个硬盘和 1 个光驱,可以将它们连接在一条数据线上,将硬盘设置为"主"方式,光驱设置为"从"方式。最好是将它们分别连接在两条 IDE 线上,这样光驱也可以设置为 Master 方式了。

同一 IDE 线上不能同时有两个 Master(主)或 Slave(从)设备;否则将使电脑无法正常工作,因此在安装硬盘前应参照硬盘上的跳线说明正确设置。

3. 安装 SATA 接口硬盘

SATA 接口硬盘的安装比 IDE 接口硬盘的安装更加容易,数据线一端与硬盘相连,另一端连在主板的 SATA 接口(图 1.2 - 19)。

图 1.2 - 19　主板上的 SATA 接口

五、安装光驱

光驱安装在机箱 5″驱动器支架上,安装前同样需要设置主从跳线(与硬盘的设置方法相同)。

1. 卸下机箱前面板上的塑料挡板。

2. 将光驱卡入支架,使其前面板与机箱前面板对齐。

3. 通过驱动器支架旁边的条形孔用螺丝将光驱固定。

4. 为光驱接上大 D 型电源接头。

5. 将 IDE 数据线插头插在光驱数据线接口上。

6. 将 IDE 数据线的另一端插在主板的 IDE 插槽上。

如果硬盘和光驱使用同一条 IDE 数据线,则可省去这一步,但要记住为光驱和硬盘设置"主"和"从"方式。

7. 将音频线插入光驱的音频线插座中。

音频线通常由 3～4 条线组成,包含红线与白线各一条,其余为黑线。光驱后侧右部有一只小 4 针插座是连接声卡的音源线接口,在连接音频线时应使音频线的红线对应光驱音频接口写有 R 的一端,白线与 L 端对应。

8. 将音频线另一端连接到声卡的相应插座上。

如果声卡内置于主板,则需将音频线连接在主板的相应插槽上(关于主板上的音频插槽位置,请查看主板说明书)。

 **检查组装后的计算机**

一、通电前的检查

(1) 检查主机内所有的电缆连接,正反方向是否正确,连接处是否牢靠。

(2) 电源插座置于"OFF"状态,将电源线一头插入主机,另一头插入电源插座。

(3) 确保电压是 220 V,如不能确定则要用万用电表进行测量。

(4) 检查各设备是否都与主机连接(如键盘、显示器的电源电缆和信号电缆等)无误,插头上的固定装置是否固定好,避免开机调试时因插头松动、接触不良而产生故障。

二、通电后的检查

(1) 将电源插座开关置于"ON",电源插座上的指示灯应亮或电压指示应在 220 V 处。

(2) 打开显示器开关,如显示器电源电缆接在电源插座上则显示器的电源指示灯就会亮,如接在主机电源上则不会有任何变化。

(3) 将主机通电,机箱电源风扇应转动,面板上的电源指示灯应亮起,否则需关机检查主机电源电缆是否连接好。

(4) 显示器电源指示灯应亮,否则需关机检查显示器电源电缆是否连接好。

（5）观察显示器屏幕是否显示。

（6）如主机没有异常的响声而显示器不显示，则应关机检查显示器信号电缆是否连接好。

（7）如信号电缆连接可靠显示器仍不显示（确保显示器是好的）则应关机检查安装的全过程，重点检查主板的跳线、CPU 的安装、内存条的安装、显示卡和其他适配卡的安装、硬盘及光驱信号电缆的连接。

（8）若显示器正常显示，则应检查主机箱面板上的各种指示灯是否正常，如电源指示灯（POWER LED）、硬盘灯（HDD LED）等不亮则要调整其连线插头与主板跳线连接的位置及方向。

（9）按下复位按钮，观察主机是否重新启动，否则检查复位按钮连接是否正确。

模块 1.3　网上调研、市场调研及计算机选购

33

一、项目描述

以计算机网络、计算机市场为载体,要求学生在计算机网络机房、计算机市场学习完成网上调研、市场调研及计算机选购任务,从而培养学生的计算机配置、选购能力,有助于学生将来在计算机硬件维护工程师岗位的就业。

二、教学目标

1. 能了解计算机软件(包括系统软件、应用软件)的最新发展;
2. 能了解计算机硬件组成部件 CPU、主板、内存、硬盘的最新发展规律;
3. 会根据用户需求,正确、合理选购、配置计算机;
4. 会结合计算机软硬件的最新发展,写出网上调研、市场调研报告。

三、教学资源

1. 能上网的计算机网络机房;
2. 计算机产品电子一条街;
3. 计算机产品报价单。

四、教学组织

1. 网上调研时,一人一台计算机;
2. 市场调研及计算机选购时,3 至 4 人一组。

五、教学任务分解及课时分配

教学阶段	相关知识	活动设计(讲解、示范、组织、指导、安排、操作)	课时
知识准备	计算机硬件发展的特点	展示各个时期的计算机硬件产品,使学生感受到计算机硬件产品发展的日新月异,从而领会到进行网上调研、市场调研的必要性	1
网上调研及计算机产品的选购	1. 网上调研 CPU、内存条、主板、硬盘、光驱的最新发展 2. 网上模拟选购计算机	1. 讲解网上调研 CPU、内存条、主板、硬盘、光驱的要求 2. 学生网上调研 CPU、内存条、主板、硬盘、光驱的最新发展 3. 讲解网上模拟选购计算机产品的配置要求 4. 学生网上模拟选购计算机产品	4

教学阶段	相关知识	活动设计（讲解、示范、组织、指导、安排、操作）	课时
市场调研及计算机产品的选购	市场调研 CPU、内存条、主板、硬盘、光驱的最新发展	1. 讲解市场调研 CPU、内存条、主板、硬盘、光驱的要求 2. 学生市场调研 CPU、内存条、主板、硬盘、光驱的最新发展 3. 讲解市场模拟选购计算机产品的配置要求，并 3 至 4 人一组进行分组 4. 学生根据用户要求，模拟选购计算机产品	4
检查评定	模拟选购计算机产品、计算机的最新发展	检查学生是否能根据用户要求，模拟选购计算机产品，如果不能，分析、找出原因，直到学生能正确模拟选购计算机产品	1

六、评价方案

评价指标	评价标准	评价依据	权重	得分
网上调研及计算机产品的选购	1. 掌握 CPU、内存条、主板、硬盘、光驱的最新发展且网上调研报分析到位、合理得 20 分 2. 基本掌握 CPU、内存条、主板、硬盘、光驱的最新发展且网上调研报分析比较到位、合理得 15 分 3. 基本掌握 CPU、内存条、主板、硬盘、光驱的最新发展或网上调研报分析比较到位、合理得 10 分 4. 不能掌握 CPU、内存条、主板、硬盘、光驱的最新发展但网上调研报分析比较到位、合理得 5 分 5. 基本掌握 CPU、内存条、主板、硬盘、光驱的最新发展但网上调研报分析不到位、不合理得 5 分 6. 两者都不行得 0 分	网上调研报告	20	
	技能：A. 能充分理解用户要求，并能按照用户要求，正确模拟选购计算机产品 B. 基本能理解用户要求，并能按照用户要求，正确模拟选购计算机产品 C. 不能充分理解用户要求，不能按照用户要求，正确模拟选购计算机产品	网上模拟选购计算机产品的报告	20	
	态度：A. 能积极主动进行调研 B. 较能积极主动进行调研 C. 不能积极主动进行调研	网上调研过程	10	
市场调研及计算机产品的选购	1. 掌握 CPU、内存条、主板、硬盘、光驱的最新发展且市场调研报分析到位、合理得 20 分 2. 基本掌握 CPU、内存条、主板、硬盘、光驱的最新发展且市场调研报分析比较到位、合理得 15 分 3. 基本掌握 CPU、内存条、主板、硬盘、光驱的最新发展或市场调研报分析比较到位、合理得 10 分 4. 不能掌握 CPU、内存条、主板、硬盘、光驱的最新发展但市场调研报分析比较到位、合理得 5 分 5. 基本掌握 CPU、内存条、主板、硬盘、光驱的最新发展但市场调研报分析不到位、不合理得 5 分 6. 两者都不行得 0 分	市场调研报告	20	

续　表

评价指标	评价标准	评价依据	权重	得分
市场调研及计算机产品的选购	技能：A. 能充分理解用户要求，并能按照用户要求，正确模拟选购计算机产品 B. 基本能理解用户要求，并能按照用户要求，正确模拟选购计算机产品 C. 不能充分理解用户要求，不能按照用户要求，正确模拟选购计算机产品	市场模拟选购计算机产品的报告	20	
	态度：A. 能积极主动进行调研 B. 较能积极主动进行调研 C. 不能积极主动进行调研	市场调研过程	10	

　　针对计算机软硬件日新月异的发展特点，如果仅仅满足于书本上的教学，其教学内容必然会严重滞后。应由课程负责人或任课老师通过上网查询、翻阅其他最新文献、市场调研等多种方式收集最新资料，自行编写基于工作过程的新教材；如果时间上不允许，可以从网上补充最新的计算机软件知识和硬件知识，整理、编写出与计算机最新发展同步、注重教材内容的知识性和新颖性、突出实践能力培养的课程讲义作为校本教材，努力建设适合高职学生的项目化精品教材。

　　另外，任课老师应适当安排时间带领学生走出校园，到当地的电脑市场去了解计算机软硬件技术的最新发展状况、把握计算机组装和维修职业的最新状况、迎接现今 IT 行业的机遇与挑战，与市场零距离接触；通过市场调研，学生不仅开阔了视野，学到了书本上学不到的知识，而且通过接触社会，与人沟通，培养了学生的社会服务能力。

 活动 **1**　上网调研计算机硬件的发展

一、CPU 的发展之路

　　世界上有两个 CPU 的主要生产厂商，也就是 Intel（英特尔）公司和 AMD（超微）公司。下面我们就来回顾一下两家的 CPU 发展之路吧！图 1.3-1 为 CPU 及其不同的接口。

图 1.3-1　CPU 家族日益壮大，接口也不停的更新换代

从第一颗 8086 诞生到 386 问世,CPU 都是被直接焊接在主板上,用户要升级电脑就必须同时更换主板与 CPU。到了 386 末期,部分 CPU 被压固在主板上,借助工具可以插拔。1989 年,英特尔公司发布了第一块 Socket 1 接口的 486DX,采用了 ZIF(Zero Insertion Force,零插拔力)设计,使得用户可以很方便的拆装处理器(本文的时间也是从此开始,直到现今)。至此,CPU 更新换代的潘多拉魔盒被打开,简单的升级方法与不菲的升级代价同时降临到 DIY 玩家面前。

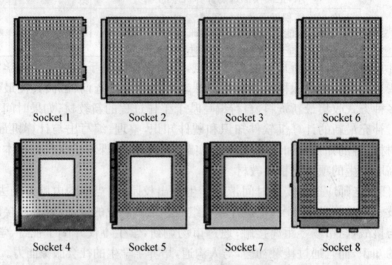

图 1.3-2 当年英特尔公司的 Socket 系列接口规格图

英特尔公司推出的 Socket 1 到 Socket 8 系列都是方形多针脚 ZIF 插座,通过拉杆固定 CPU(图 1.3-2)。其中最为著名的,就是 Socket 7 插座,不仅 Intel Pentium/Pentium MMX 可以使用,当时跟风而上的 AMD K5、K6、K6-2,Cyrix 公司的 6x86、6x86MMX 和 6x86 MⅡ以及 IDT 公司的 Winchip C6,都可以兼容此插座(图 1.3-3)。且 AMD 处理器当时在超频能力上要远远超出英特尔公司的奔腾系列,导致很多英特尔用户转向 AMD 阵营,第一代 AMD"粉丝"也从此诞生。

图 1.3-3 Socket 7 插座同时被英特尔、AMD、Cyrix 和 IDT 公司采用

1. 改朝换代——Pentium Ⅱ 携 SLOT 1 参战

大量采用 Socket 7 插座的兼容 CPU 出现,冲击了 Pentium 系列产品的销售,迫使英特尔公司的 Pentium Ⅱ CPU 采用全新的 SLOT 1 接口,英特尔公司为 SLOT 1 接口申请了专利,这样一来其他公司就无法生产英特尔接口的 CPU,这种模式一直持续到今天。SLOT 1 是专为 Pentium Ⅱ 系列 CPU 设计的,采用了金手指/插槽的接口形式而非插针/底座,并将 CPU 与相关的控制电路、二级缓存等集成为 CPU 子卡。后来英特尔公司对 SLOT 1 插槽进行升级,推出了 330 个触点的 SLOT 2 插槽,用于支持 PⅢ Xeon 系列等新产品(图 1.3-4)。

图 1.3-4　采用 Socket 7 接口的英特尔 Pentium MMX 和 AMD 的 K6-2

与此同时,AMD 公司也不甘寂寞,推出了自己的插槽型 CPU 插座,命名为 SLOT A,用于支持自己的 K7 Athlon 处理器(图 1.3-5)。该插座类型摒弃 Intel 的 P6 GTL+总线协议,转而采用 Digital 公司的 Alpha 总线协议 EV6。EV6 架构采用多线程处理的点到点拓扑结构,支持 200 MHz 的总线频率,在性能上要比英特尔公司的同期产品高不少。

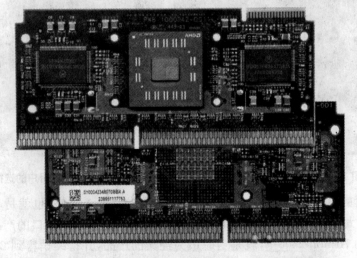

图 1.3-5　采用 SLOT A 接口的 AMD Athlon 处理器

早期的 Pentium Ⅲ 处理器仍采用 SLOT 插槽,如图 1.3-6 所示。

图 1.3-6 早期的 Pentium Ⅲ 处理器

而再看英特尔公司这边,SLOT 插槽终于成为 CPU 性能的瓶颈,英特尔公司不得不回归了插座式接口,被命名为 Socket 370 的新接口方案不负众望,辅助当年的明星产品"铜矿"和"图拉丁"一举成为当年的热销产品,"奔三"电脑成为当时市场上最响亮的招牌(图 1.3-7)。

图 1.3-7 Socket 370 转接卡成为当时措手不及的 SLOT 主板用户的选择

紧跟其后的 AMD 公司迅速作出反应,发布了 Socket A 插座,也就是著名的 Socket 462 接口。强大的 K7 架构 Duron 和 Athlon 处理器,就是基于此接口的产品。被誉为平民超频产品的 Athlon 2500+,就是当时最为经典的产品,并持续销售到 2003 年。一大批囊中羞涩的玩家成为"25"变"32"的受益者,伴随着 CS、魔兽 3 等游戏的火爆,硬件市场生意大好,17″纯平显示器和 Ti4200 显卡也被带动,销售量大增,这都是后话。

经典的 AMD 2500＋KT7－Raid 主板,如今都已离用户而去,如图 1.3－8 所示。

图 1.3－8　AMD 2500＋KT7－Raid 主板

2. 奔 4 时代——Socket 478 的幸福生活

2000 年底英特尔抛出了其具有划时代意义的 Pentium 4 处理器,0.18 μm 的 Willamette 核心,400 MHz 的前端总线,以及全新的 Socket 423 接口,配合 Rambus 内存规范,试图打造个人电脑的全新局面。但是,Socket 423 接口始终无法突破 2 GHz 的瓶颈,且英特尔力推的 Rambus 内存由于成本过高也败于后来大行其道的 DDR 内存,Socket 423 接口也从此销声匿迹,被后来的 Socket 478 接口所取代。

早期的 Socket 423 接口的 Pentium 4 处理器与 i850 芯片组主板,如图 1.3－9 所示。

图 1.3－9　Socket 423 接口的 Pentium 4＋i850 主板

Socket 478 接口是英特尔在接口方式上颇为浓墨重彩的一笔，基于此接口的新 Pentium 4 处理器也成为当年性能至上和主频论的佼佼者。0.13 μm 制程的全新 Northwood 核心，集成 512 KB 的二级缓存，PGA-ZIF 封装工艺的改进提高了集成度，在提升针脚数的同时还缩小了 CPU 的体积，CPU 主频更是被提高到前所未有的 3.0 GHz。并且在新的 i865 主板推出后，双通道内存以及 HT 超线程技术的加入，这些提升都得益于颇具前瞻性的 Socket 478 接口设计，同时也把当时英特尔的竞争对手 AMD 远远地甩在后面。

当年的经典大众配置：P4 2.4G＋845D/E 主板，如图 1.3－10 所示。

图 1.3－10　P4 2.4G＋845D/E 主板

AMD 自然不甘心被英特尔击败的事实，2003 年全新的 64bit 概念的提出给了 AMD 一个翻身的机会。虽然英特尔先于 AMD 提出了 IA-64 架构的概念，但是由于此架构无法兼容 32bit 的 x86 架构，并没有得到推广。AMD 抓住机会推出的采用了 Socket 754 接口的 Athlon 64、Sempron 64 处理器和全新涉及的 K8 架构，率先将桌面带进 64bit 时代。由于无法在主频上与英特尔一较高下，AMD 提出了每瓦效能的概念。通俗地讲，AMD 的 Athlon 64 处理器并不强调主频，但是 1.8 GHz 的 Athlon 64 2800＋却可以在使用体验上媲美 2.5 GHz 甚至 3 GHz 主频的 P4 处理器。一时间，A、I 两大阵营的论战也频频爆发于各大 DIY 论坛。

AMD Athlon 64 搭配 nForce 3 主板成为当年第一批 64bit 用户的尝鲜配置，如图 1.3－11 所示。

图 1.3‐11　AMD Athlon 64 搭配 nForce 3 主板

3. 风云再起——谁动了我的 CPU 针脚

2004 年 6 月,英特尔公司一颗被命名为 LGA 775 的"炸弹"轰炸了全世界 DIY 玩家的神经,新的 LGA 封装模式淘汰了 PGA-ZIF 封装模式,CPU 与主板连接的方式由针脚改为了触点。在降低了针脚之间信号干扰的同时提升了信号强度,CPU 的良品率也得到提高,从而降低了生产成本。同时率先引入的 PCI-E 插槽、i945 平台时期的 DDR2 内存技术以及日后的 65 nm 工艺、双核心/四核心设计、45 nm 工艺,都显示了英特尔霸主地位的牢固程度。

LGA(Land Grid Array)意味着处理器平滑的表面,LGA 接口的出现,大大提高了 CPU 的维护性,如图 1.3‐12 所示。

图 1.3‐12　LGA(Land Grid Array)接口

与此同时 AMD 并没有就此止步，面对竞争对手在双通道 DDR 内存上的优势，AMD 推出了 64 bit 平台的新接口：Socket 939。Socket 939 接口将 PGA-ZIF 封装的针脚数目提升到一个新的高度，配合新的 PCI-E 总线，将 K8 架构的性能发挥到了极致。但 DDR2 内存的到来，让 AMD 再次败在了内存上。面对这种尴尬局面，AMD 于 2006 年 5 月推出了新的 Socket AM2 接口，采用 940 针脚设计，加入 DDR2 内存的支持。同时 AMD 也推出了自己的双核产品 Athlon 64 X2 系列。而面对英特尔酷睿 2 处理器的大获成功，AMD 又马不停蹄地发布了基于 65 nm 的 K10 架构处理器——Phenom。

Socket 939 接口的 3000＋DFI 的 NF4 LanParty 主板是当年超频玩家的追捧对象，如图1.3－13 所示。

图 1.3－14～图 1.3－18 为不同接口的处理器。

图 1.3－13　Socket 939 接口的 3000＋DFI 的 NF4 LanParty 主板

图 1.3－14　四核心的 Socket AM2＋接口的 Phenom Ⅱ

43

图 1.3 - 15 价格不菲的英特尔 i7 处理器

图 1.3 - 16 Socket 938(AM3)接口的新 Phenom Ⅱ 处理器

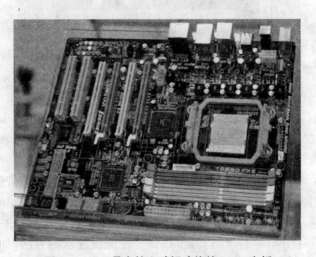

图 1.3 - 17 具有核心破解功能的 AMD 主板

44

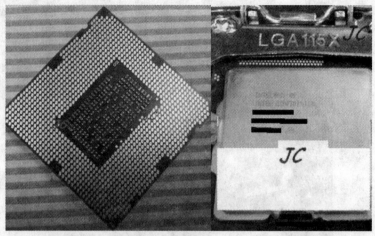

图 1.3-18　最新传出的 LGA 1155 接口实物图

二、硬盘发展之路

　　硬盘发展至今已经有 50 余年的历史,在这几十年的历程里,硬盘的体积越来越小而容量则越来越大,硬盘的转速与接口也在与时俱进。第一款硬盘面世的时候,它有两个冰箱那么宽,内部安装了 50 个直径两英尺的磁盘,重量约 1 t,而现在微硬盘、CF 硬盘仅仅才为硬币般大小,这种变化真是太惊人了。硬盘的进化史可想象成与人类进化史相反方向变化的——由大变小(图 1.3-19)。

图 1.3-19　人类的进化

　　那么硬盘又究竟是经过怎样的历程从如此大的家伙变成直径为 14 英寸到 8 英寸、5.25 英寸直至 3.5 英寸,然后又从 2.5 英寸到 1.8 英寸,再到 1 英寸和 0.85 英寸的呢?下面让我们一起来回顾一下硬盘体积变化的历史。

　　在 20 世纪 50 年代中期,虽然之前人们已经在使用打孔卡和磁带进行数据的存储,但是要想在上述存储介质上查找某个数据却非常困难,往往需要数小时的时间,就是因为这些存储产品采用的是顺序存取技术。而那些被昵称为“造反派”“牛仔”的 IBM 实验室的技术人员一个十分单纯的想法就是,找到一种随机存取的方法,加快数据的存取速度。Hoagland 是当时 18 个参与此项产品研发的人员之一,他当时还是加州大学伯克利分校的研究生。他回忆说："当时的气氛真有点像火箭发射，在达到最后目的地之前，谁也不知道能否成功，新的产品又会是什么样子"。4 年之后，他们终于宣布开发出了一种将对全球计算领域产生重大影响的产品，那就是统计控制随机存取法（RAMAC，Random Access Method for Accounting Control）。这款商用磁盘存储系统就是 RAMAC 305，外观大小有两个冰箱那么宽，内部安装了 50 个直径两英尺的磁盘，重量约 1 t，当时可以存储"惊人"的 500 万个字符（5 MB）。

1. 1960 至 1970 年代的主宰——比微波炉还大的 14 英寸硬盘

时间转移到 1962 年，这时已经是 14 英寸的硬盘占据市场的统治地位，直到 1970 年代中期，14 英寸硬盘大约占据了全部硬盘市场，几乎所有这些设备都出售给大型计算机制造商。那个时候此种大型硬盘也并不是普通用户能消费得起的，而且容量不过百兆左右。

图 1.3－20　14 英寸硬盘

图 1.3－20 所示的照片就是 14 英寸硬盘，用户将它和一个可乐罐作对比，可以明显看出它的体积有多庞大，其实真正的它要比一个微波炉都大。可想那个时代的计算机体型会是什么样子，不过到了 1970 年代末期，8 英寸硬盘就已经诞生，体积也相应减小了不少。

2. 苦苦挣扎终成正果——8 英寸硬盘发展不易

1978—1980 年,更小的 8 英寸驱动器被开发出来(图 1.3 - 21),其中包括 Shugart Assaciates、Micropolis、Priam 和昆腾这些老牌硬盘厂商,不过容量仅为 10 MB、20 MB、30 MB 以及 40 MB,相比 14 英寸硬盘而言要小了很多,所以这种型号受到了当时只需要大容量硬盘的大型计算机制造商的冷落,因此这些 8 英寸型号的市场新入者将他们的创新性硬盘投入新的应用:小型计算机。

46

图 1.3 - 21 8 英寸硬盘

8 英寸产品在对于成熟的小型计算机制造商来说,其重要的性能标准方面,容量、单位存储成本和存取速度是非常优越的,随后几年,随着 8 英寸硬盘制造商通过积极地采用技术改进,以极快的速度扩大产品的容量,而且由于单位容量极大增长,使得 8 英寸硬盘单位存储成本跌至 14 英寸硬盘以下,很快成为市场新的霸主。

3. 1980 年代具有特殊意义的首款 5.25 英寸硬盘诞生

时间转到了 1980 年,硬盘的体积终于又出现了变化,下面这款就是世界上第一台 5.25 英寸硬盘驱动器 ST-506(图 1.3 - 22、图 1.3 - 23)。作为首款真正面向台式机的硬盘,5.25 英寸硬盘的出现势必具有其特殊的意义,对于许多 80 后的电脑玩家来说,所接触到的第一块电脑硬盘大部分是从 5.25 英寸开始的,它的出现带动了一个时代。

图 1.3‑22　世界上第一台 5.25 英寸硬盘　　　图 1.3‑23　5.25 英寸硬盘
　　　　　驱动器——ST-506

5.25 英寸硬盘的容量虽然只有 5 MB,但是与几十年前的 IBM 350 RAMAC 相比,虽然容量相同,但是体积大幅减少,就像那句话说的"浓缩的都是精华"! 的确,这小小体积里已经将过去那个大家伙的所有精华都浓缩进来了。

4. 3.5 英寸曾遭受厂商放弃

到了 1984 年,一家苏格兰企业 Rodime 首先开发出了 3.5 英寸硬盘(图 1.3‑24),如同 8 英寸硬盘问世之初一样,3.5 英寸结构硬盘在一开始推出时根本不被重视,其原因也是因为其成本高而容量太小,难以满足人们的需求,到了 1988 年为止,也仅有不到一半的硬盘厂商开始生产 3.5 英寸硬盘。

图 1.3‑24　3.5 英寸硬盘

直到 1990 年代,3.5 英寸硬盘才开始真正走向辉煌,而 5.25 英寸硬盘走向了暮年,不仅因为 5.25 英寸硬盘的转速最终不能提得太高,影响寻道时间,而且在可靠性和成本等方面也存在诸多问题,因此后来厂商都放弃了 5.25 英寸硬盘的设计思路,转向了 3.5 英寸和 2.5 英寸。

5. 笔记本电脑成全了 2.5 英寸硬盘

1989 年,美国科罗拉多州朗蒙特的一家市场新入者 Prairietek 宣布推出一种 2.5 英寸硬盘,成为硬盘行业的焦点。到1990年代以后各硬盘厂商也都纷纷推出了自己的2.5英寸硬盘(图1.3-25)。

图1.3-25　2.5英寸硬盘

这一次的硬盘厂商在态度上明显有了区别,在14英寸转8英寸与5.25英寸转3.5英寸时,硬盘厂商都纷纷推迟,而这一次,却一反常态,表现十分积极,这就要归功于当时的笔记本制造商。2.5英寸硬盘轻便、省电、体积小的特点很让当时的笔记本制造商看好,纷纷订购,所以才有了2.5英寸硬盘如此快速地在硬盘市场站稳脚跟,也让这个尺寸一直沿用至今,演变为如今的局面。

6. 开创微硬盘理念——1.8英寸硬盘诞生

到了1992年,更加"迷你"的1.8英寸硬盘诞生了(图1.3-26),1.8英寸硬盘的大小已经达到和名片一般,小巧便携与省电的优势更加明显。不过另一方面,价格较2.5英寸要更加昂贵,以至于普通的笔记本也不可以使用,一般是放在超便携设备,当然部分"迷你"型笔记本也会使用1.8英寸硬盘。

图1.3-26　1.8英寸硬盘

硬盘的体积越来越小，也让用户看到了技术的不断进步，现在越小巧的硬盘越用在更高端的产品上，就如同1.8英寸硬盘推出时最大的市场不是在电脑中，而是在便携式的心脏监控设备中！

7. 真正的微硬盘时代——超高技术的1英寸硬盘

随着笔记本电脑市场的不断增长和数码相机、数码摄像机、个人PDA、MP3播放器以及高端手机等手持移动数码设备的迅速升级换代，用户对移动存储设备的要求也越来越高，大容量小体积成为移动存储设备的发展趋势。闪存盘虽然体积小但容量也小，而传统的移动硬盘虽然容量大但体积也大，所以这个时候微硬盘的概念诞生了，而1英寸硬盘也应运而生（图1.3-27）。

49

图1.3-27　1英寸硬盘

通常的定义下，1.8英寸以下就可以称为微硬盘了，但从移动存储市场需求来看，1英寸的硬盘体积上才算真正的微硬盘。由于微硬盘的技术含量极高，在2001年以前，只有IBM公司才有能力生产，直到多年以后才被多家硬盘厂商开始推广，这种产品的体积已经达到极其微小，几乎可与硬币媲美，当然价格也不菲，主要用于高端的移动存储设备上。

8. 最小硬盘的争夺

日立公司和希捷公司在有关全世界最小硬盘的争夺中，日立又暂时获得领先。据《纽约时报》透露，日立推出新研发的微型硬盘，这种直径1英寸的硬盘可以存储8GB数据，还能智能探测坠落。

日立和希捷一直在竞争谁的硬盘最小。日立在微型硬盘领域一直占有优势，并成为苹果iPod小硬盘的供应商。不过，希捷研发成功当时全球容量最大、体积最小的硬盘，其容量达到8GB。

据悉，微型硬盘主要用于音乐播放器、数码相机和拍照手机。媒体分析指出，由于手机所安装的功能越来越丰富，手机产商未来将可能用微型硬盘取代闪存，从而创造出一个庞大的微型硬盘市场。

日立推出的智能探测坠落技术，就是为马虎的手机用户所准备。它带有三轴的加速探测器，可以探测到最短10cm的坠落距离。一旦硬盘下坠，其读写磁头将自动离开磁盘表面，从而避免损坏磁盘。

移动硬盘凭借其便携性和大容量的特点，受到越来越多用户的青睐。但传统的移动硬盘无论体积多小都需要数据线才能实现数据的传输,但正是因为如此,移动硬盘的便携性又打了折扣,消费者对移动硬盘的便携性提出了更高的要求。

三星电子联合深圳南方同和科技有限公司隆重推出了全球首款内置 USB 直连硬盘设计的 1.8 英寸移动硬盘,此款名为三星黑金刚名片式移动硬盘已在全球震撼上市。

该产品采用全球首创的内置 USB 接头直连硬盘设计大大提高了移动硬盘的便携性,而其名片大小超酷超炫的全球最轻薄外观设计,也成了当时追求时尚和前卫人群的首选。

三星黑金刚名片式移动硬盘最大的震撼之处就是,其率先在全球推出了第一款内置 USB 接头直连硬盘的设计,与其他移动硬盘需要数据线才能实现数据的传输相比,此款移动硬盘的内置 USB 接头能直接连接硬盘,轻松实现数据的传输!此项市场领先的无须携带数据线的人性化设计大大方便了消费者,如图 1.3 - 28 所示。

图 1.3 - 28　全球第一款内置式 USB 接口

另外,此款移动硬盘让人震撼的另一点就是其 1.8 英寸极为小巧的身材。黑金刚名片式移动硬盘采取了全球最轻薄设计,使得其厚度仅有 6 mm,重量仅有 60 g,面积仅有名片大小,不但对于男性来说比较轻薄,就是对于女性,也是精致和精细到了极限。其成为礼品市场的宠儿也就不奇怪了!

在外观上,三星黑金刚移动硬盘给用户的第一感觉就是时尚和前卫,纯黑色的表面非常眩目,给人一种超酷超炫的感觉。正面和背面的 CD 纹主色设计凸显不凡的优雅品质,而四周银白色光圈围绕,处处凸显前卫、时尚的气息(图 1.3 - 29)。

图 1.3 - 29　三星黑金刚名片式移动硬盘

三星黑金刚移动硬盘采用了自由落体感应技术,内置的自由落体感应器能感受到外来的冲击,保护磁头,降低数据丢失的风险。而其独家采用的磁头精密制导飞行技术,则会大大增强硬盘的读写能力!

可以说,三星黑金刚名片式移动硬盘无论是在外观上还是在品质上都是无懈可击的,产品一上市就受到了消费者的疯狂追捧。

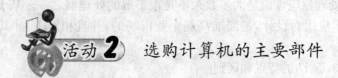

活动 2　选购计算机的主要部件

一、CPU 的选购

1. Intel(英特尔)处理器

(1)英特尔的处理器有以下系列:

英特尔®酷睿™(Core) 处理器

英特尔®奔腾®(Pentium)处理器

英特尔®赛扬®(Celeron)处理器

英特尔®凌动™(Atom)处理器

英特尔®至强®(Xeon)和安腾®(Itanium)处理器

• 英特尔®酷睿™处理器

英特尔酷睿™微体系结构,是一款领先节能的新型微架构,设计的出发点是提供卓然出众的性能和能效,提高每瓦性能,也就是所谓的能效比。英特尔酷睿™微体系结构面向服务器、台式机和笔记本电脑等多种处理器进行了多核优化,其创新特性可带来更出色的性能、更强大的多任务处理性能和更高的能效水平,各种平台均可从中获得巨大优势。

• 英特尔®奔腾®处理器

英特尔®奔腾®处理器可提供超强的台式机性能、更低的能耗以及更出色的日常计算多任务处理能力。

• 英特尔®赛扬®处理器

基于英特尔®赛扬®处理器的台式机平台可为用户提供超凡的计算体验,以及源自英特尔的出色品质和可靠性。

• 英特尔®凌动™处理器

Intel Atom(中文名:凌动,开发代号:Silverthorne)是 Intel 的一个处理器系列,处理器采用 45 nm 工艺制造,集成 4 700 万个晶体管。L2 缓存为 512 KB,支持 SSE3 指令集和 VT 虚拟化技术(部分型号)。凌动系列是专门为移动互联网设备(MID)以及简便、经济的新一代以互联网应用为主的简易电脑而设计的。与一般的桌面处理器不同,Atom处理器采用顺序执行设计,这样做可以减少电晶体的数量。为了弥补性能较差的问题,Atom 处理器的起跳频率会较高。2008 年 6 月 3 日,英特尔在北京向媒体介绍了他们于中国台北电脑展上同步推出的凌动处理器 Atom。

• 英特尔®至强®和安腾®处理器

英特尔至强处理器 Intel Xeon 7400 系列设计用于轻松处理任何 IT 整合项目,同时保持最高的负载应用响应性能。它凭借大型模上三级高速缓存,支持四枚或更多处理器以及将内存扩展到 256 GB 等关键性创新,成为满足大型虚拟化项目和数据密集型关键业务性能要求的理想选择。

Intel 安腾处理器应该说是大多数人不是很了解的处理器之一。基于它专为要求苛刻的企业和技术应用而设计,是瞄准高端企业市场的,并且相对 Intel 其他系列的处理器,价格昂贵。

(2) Core i3,i5,i7 的特点和区别

i7 是高端,台式机版多为 4 核 8 线程,笔记本版分 2 核 4 线程和 4 核 8 线程,可睿频加速。

i5 是中端,台式机版多为 4 核 4 线程,笔记本版多为 2 核 4 线程,可睿频加速。

i3 是低端,2 核 4 线程,不带睿频加速。

然后所谓"智能"酷睿是最近的两代(以前的酷睿不算):

上一代是 32 nm 与 45 nm 混合制程,型号是 3 位编码,例如 i7-980x,i5-760,i3-380m。

新一代是 32 nm 制程,型号都是 4 位编码,例如 i7-2600k,i5-2410M,i3-2105。

新一代酷睿里笔记本版和部分台式机版(例如 i7-2600k,i5-2500k)的核芯显卡是HD3000,性能相当于中低端独立显卡,例如 G310M。

(3) Core i3 主要产品介绍

Core i3 可看作是 Core i5 的进一步精简版,将有 32 nm 的工艺版本(核心工艺为

Clarkdale,架构是 Nehalem)。Core i3 最大的特点是整合 GPU(图形处理器),也就是说 Core i3 将由 CPU+GPU 两个核心封装而成。由于整合的 GPU 性能有限,用户想获得更好的 3D 性能,可以外加显卡。值得注意的是,既使核心工艺是 Clarkdale,显示核心部分的制作工艺仍会是 45 nm。整合 CPU 与 GPU,这样的计划无论是 Intel 还是 AMD 均很早便提出了,他们都认为整合平台是未来的一种趋势。而 Intel 无疑是走在前面的,集成 GPU 的 CPU 已在 2010 年推出,俗称"酷睿 i 系",仍为酷睿系列。

①台式机

• Clarkdale(32 nm)

CPU 支持:MMX, SSE, SSE2, SSE3, SSSE3, SSE4.1, SSE4.2, EIST,Intel 64, XD bit,Intel VT-x, Hyper-Threading, Smart Cache

型号	步进	主频	GPU 频率	二级缓存	三级缓存	总线速度	TDP	插槽
Core i3-530	C2/K0	2.93 GHz	733 MHz	256 KB*2	4 MB	2.5 GT/s	73 W	FCLGA1156
Core i3-540	C2/K0	3.06 GHz	733 MHz	256 KB*2	4 MB	2.5 GT/s	73 W	FCLGA1156
Core i3-550	K0	3.2 GHz	733 MHz	256 KB*2	4 MB	2.5 GT/s	73 W	FCLGA1156
Core i3-560	K0	3.33 GHz	733 MHz	256 KB*2	4 MB	2.5 GT/s	73 W	FCLGA1156

• Sandy Bridge(32 nm)

CPU 支持:MMX, SSE, SSE2, SSE3, SSSE3, SSE4.1, SSE4.2, EIST, AVX, Intel 64, XD bit, Intel VT-x, Hyper-Threading, Smart Cache

型号	步进	主频	GPU 频率	二级缓存	三级缓存	总线速度	TDP	插槽
Core i3-2100	Q0	3.1 GHz	850 MHz/1.1 GHz	256 KB*2	3 MB	5 GT/s	65 W	FCLGA1155
Core i3-2100T	Q0	2.5 GHz	650 MHz/1.1 GHz	256 KB*2	3 MB	5 GT/s	35 W	FCLGA1155
Core i3-2120	Q0	3.3 GHz	850 MHz/1.1 GHz	256 KB*2	3 MB	5 GT/s	65 W	FCLGA1155

另有 I3-2390T 参数不明,可能是 2.7 GHz 支持最大睿频 3.5 GHz,未集成显卡,TDP 为 35 W。

②笔记本

• Arrandale(32 nm)

CPU 支持:MMX, SSE, SSE2, SSE3, SSSE3, SSE4.1, SSE4.2, EIST,Intel 64, XD bit,Intel VT-x, Hyper-Threading, Smart Cache

54

型号	步进	主频	GPU 频率	二级缓存	三级缓存	总线速度	TDP	插槽
Core i3-330M	C2/K0	2.13 GHz	500/667 MHz	256 KB*2	3 MB	2.5 GT/s	35 W	BGA1288, PGA988
Core i3-330E	C2/K0	2.13 GHz	500/667 MHz	256 KB*2	3 MB	2.5 GT/s	35 W	BGA1288
Core i3-350M	C2/K0	2.26 GHz	500/667 MHz	256 KB*2	3 MB	2.5 GT/s	35 W	BGA1288, PGA988
Core i3-370M	K0	2.4 GHz	500/667 MHz	256 KB*2	3 MB	2.5 GT/s	35 W	PGA988
Core i3-380M	K0	2.53 GHz	500/667 MHz	256 KB*2	3 MB	2.5 GT/s	35 W	PGA988
Core i3-390M	K0	2.66 GHz	500/667 MHz	256 KB*2	3 MB	2.5 GT/s	35 W	BGA1288, PGA988
Core i3-330UM	K0	1.2 GHz	166/500 MHz	256 KB*2	3 MB	2.5 GT/s	18 W	BGA1288
Core i3-380UM	K0	1.33 GHz	166/500 MHz	256 KB*2	3 MB	2.5 GT/s	18 W	BGA1288

- Sandy Bridge(32 nm)

CPU 支持：MMX，SSE，SSE2，SSE3，SSSE3，SSE4.1，SSE4.2，EIST，AVX，Intel 64，XD bit，Intel VT-x，Hyper-Threading，Smart Cache

型号	步进	主频	GPU 频率	二级缓存	三级缓存	总线速度	TDP	插槽
Core i3-2310M	J1	2.1 GHz	650 MHz/1.1 GHz	256 KB*2	3 MB	5 GT/s	35 W	FCBGA1023, PPGA988
Core i3-2310E	D2	2.1 GHz	650 MHz/1.1 GHz	256 KB*2	3 MB	5 GT/s	35 W	FCBGA1023

③工艺特点

Intel 在 2009 年发布的 Lynnfield Core i5/i7 已将内存控制器与 PCI-E 控制器集成到 CPU 上。简单来说，以往主板北桥芯片组的大部分功能都集成到 CPU 里，因此 P55 主板的芯片组也就没有南北桥之分了，CPU 通过 DMI 总线与 P55 芯片进行通信。H55/H57 主板与 P55 主板类似，不同的是 H55/H57 还提供 Intel Flexible Display Interface（简称 FDI）进行输出 GPU 的信号输出。因此要采用 Core i3 的 GPU 功能，必须搭配 H55/H57 主板，如果用在 P55 主板上，只能使用它们的 CPU 功能。

在规格上，Core i3（也就是 I3 530）的 CPU 部分采用双核心设计，通过超线程技术可支持四个线程，总线采用频率 2.5 GT/s 的 DMI 总线，三级缓存由 8 MB 削减到 4 MB，而内存控制器、双通道、超线程等技术还会保留。同样采用 LGA 1156 接口，相对应的主板将会是 H55/H57。

2011 年 2 月,Inter 公司发布了四款新酷睿 i 系列处理器和六核新旗舰酷睿 i7-990X。其中包括新版的 i3,也就是 i3 2100。新版的 i3 2100 与旧版的 i3 相比,主频提高到 3 100 MHz,总线频率提高到 5.0 GT/s,倍频提高到 31 倍,最重要的是采用最新且与新 i5、新 i7 相同的构架 Sandy Bridge。不过三级缓存降低到了 3 MB。

i3 的 CPU 属于中端 CPU,i5 定位是中高端。虽然 i3 集成了 GPU,但性能极为有限。主要是因为 i3 是双核心四线程,也就是俗称的双核,而早先发布不集成 GPU 的 i5 750,是原生的四核 CPU,四核在性能上超越双核很多。不要因为没有集成 GPU 就认为 i5 不如 i3,这完全是误区。

（4）Core i5 主要产品介绍

i5-661 主频 3.33 GHz,自动启用 Turbo Boost 技术后,可以达到 3.6 GHz 的主频;功耗仅 73 W。CPU 部分采用 32 nm 的制作工艺,GPU 部分采用 45 nm 的制作工艺,架构仍是沿用 Intel 的 GMA 整合显示核心架构,在 G45 自带的 GMA X4500 上进行了加强优化,使其拥有更高的执行效率。图形核心可以支持 MPEG2、VC-1 及 H.264(AVC)的 1080P 高清解码,并且还增加了 Dual Stream 双流硬件解码能力,可以同时支持两组 1080P 高清播放。

在 Post Processing 预处理方面,增加支持 Sharpness 功能及 XVYCC 运算,而输出方面则支持两组独立 HDMI 高清输出,并追加 12Bit Color Depth。音效方面,增加了 Dolby True HD 及 DTS-HD Master Audio 输出支持,以迎合 HTPC 高清应用需要。新酷睿 i5-661 内部完全整合的 GPU 和北桥功能是连顶级酷睿 i7 都无法企及的。

面对着价格昂贵的 Core i7,新架构处理器很难走进广大消费者的生活之中,不过近日曝光了又一款基于 Nehalem 架构的双核处理器,其依旧采用整合内存控制器,三级缓存模式,L3 达到 8 MB,支持 Turbo Boost 等技术的新处理器——Core i5。Core i5 采用的是成熟的 DMI(Direct Media Interface),相当于内部集成所有北桥的功能,采用 DMI 用于准南桥通信,并且只支持双通道的 DDR3 内存。结构上它用的是 LGA1160(后改为 LGA1156)接口,Core i7 采用的是 LGA1366 接口。

测试中使用的 Lynnfield 频率为 2.13 GHz,其他配件为笔记本 DDR3-1066(4 G＋2 G)内存,笔记本 ST 7200.2 160 G 硬盘以及 PCI-E X1 的 NVS290 显卡,操作系统为 Windows Vista Ultimate 64 bit,这是一个桌面 PC,不过配件大多是笔记本使用的。

由于缺乏对比数据,所以很难对 Lynnfield 的性能作一个定量的判断,简单的比较而言,与 3.2 GHz 的 Core i7-965 的差距很大。

在 CPU-Z 中,直接将 Lynnfield 识别为 Intel Core i5,这是一个有趣的信息,英特尔一直称 Core i7 这个名字无任何实际意义,只是好听罢了,现在看来不能尽信,那谁又将是 Core i6 呢,Havendale 似乎是最接近的答案。

①台式机

• Clarkdale(32 nm)

CPU 支持:MMX, SSE, SSE2, SSE3, SSSE3, SSE4.1, SSE4.2, EIST, Intel 64, XD bit, TXT, Intel VT-x, Intel VT-d, Hyper-Threading, Turbo Boost, Smart Cache, AES-NI

型号	步进	主频	加速频率	GPU 频率	二级缓存	三级缓存	总线速度	TDP	插槽
Core i5-650	C2/K0	3.2 GHz	3.46 GHz	733 MHz	256 KB * 2	4 MB	2.5 GT/s	73 W	1156
Core i5-655K	K0	3.2 GHz	3.46 GHz	733 MHz	256 KB * 2	4 MB	2.5 GT/s	73 W	1156
Core i5-660	C2/K0	3.33 GHz	3.6 GHz	733 MHz	256 KB * 2	4 MB	2.5 GT/s	73 W	1156
Core i5-661	C2	3.33 GHz	3.6 GHz	900 MHz	256 KB * 2	4 MB	2.5 GT/s	87 W	1156
Core i5-670	C2	3.46 GHz	3.73 GHz	733 MHz	256 KB * 2	4 MB	2.5 GT/s	73 W	1156
Core i5-680	K0	3.6 GHz	3.86 GHz	733 MHz	256 KB * 2	4 MB	2.5 GT/s	73 W	1156

• Lynnfield(45 nm)

CPU 支持：MMX，SSE，SSE2，SSE3，SSSE3，SSE4.1，SSE4.2，EIST，Intel 64，XD bit，Intel VT-x，Turbo Boost，Smart Cache

型号	步进	主频	加速频率	二级缓存	三级缓存	总线速度	TDP	插槽
Core i5-740	B1	2.53 GHz	3.06 GHz	256 KB * 2	8 MB	2.5 GT/s	95 W	1156
Core i5-750	B1	2.66 GHz	3.2 GHz	256 KB * 2	8 MB	2.5 GT/s	95 W	1156
Core i5-750S	B1	2.4 GHz	3.2 GHz	256 KB * 2	8 MB	2.5 GT/s	82 W	1156
Core i5-760	B1	2.8 GHz	3.33 GHz	256 KB * 2	8 MB	2.5 GT/s	95 W	1156

②笔记本

• Arrandale(32 nm)

CPU 支持：MMX，SSE，SSE2，SSE3，SSSE3，SSE4.1，SSE4.2，EIST，Intel 64，XD bit，Intel VT-x，Turbo Boost，Smart Cache

型号	步进	主频	加速频率	GPU 频率	二级缓存	三级缓存	总线速度	TDP	插槽
Core i5-430M	C2/K0	2.26 GHz	2.53 GHz	500/766 MHz	256 KB * 2	3 MB	2.5 GT/s	35 W	1288
Core i5-450 M	K0	2.4 GHz	2.66 GHz	500/766 MHz	256 KB * 2	3 MB	2.5 GT/s	35 W	1288
Core i5-460M	K0	2.53 GHz	2.8 GHz	500/766 MHz	256 KB * 2	3 MB	2.5 GT/s	35 W	1288
Core i5-520M	C2/K0	2.4 GHz	2.93 GHz	500/766 MHz	256 KB * 2	3 MB	2.5 GT/s	35 W	1288
Core i5-520E	C2/K0	2.4 GHz	2.93 GHz	500/766 MHz	256 KB * 2	3 MB	2.5 GT/s	35 W	1288
Core i5-540M	C2/K0	2.53 GHz	3.06 GHz	500/766 MHz	256 KB * 2	3 MB	2.5GT/s	35 W	1288
Core i5-560M	K0	2.66 GHz	3.2 GHz	500/766 MHz	256 KB * 2	3 MB	2.5 GT/s	35 W	1288
Core i5-580M	K0	2.66 GHz	3.33 GHz	500/766 MHz	256 KB * 2	3 MB	2.5 GT/s	35 W	1288
Core i5-430UM	K0	1.2 GHz	1.73 GHz	166/500 MHz	256 KB * 2	3 MB	2.5 GT/s	18 W	1288
Core i5-520UM	C2/K0	1.06 GHz	1.86 GHz	166/500 MHz	256 KB * 2	3 MB	2.5 GT/s	18 W	1288
Core i5-540UM	K0	1.2 GHz	2 GHz	166/500 MHz	256 KB * 2	3 MB	2.5 GT/s	18 W	1288
Core i5-560UM	K0	1.33 GHz	2.13 GHz	166/500 MHz	256 KB * 2	3 MB	2.5 GT/s	18 W	1288

（5）Core i7 主要产品介绍

Intel 官方正式确认，基于全新 Nehalem 架构的新一代桌面处理器将沿用"Core"（酷睿）名称，命名为"Intel Core i7"系列，至尊版的名称是"Intel Core i7 Extreme"系列。

Core i7（中文：酷睿 i7，核心代号：Bloomfield）处理器是 Intel 公司于 2008 年推出的 64 位四核心 CPU，沿用 x86-64 指令集，并以 Intel Nehalem 微架构为基础，取代 Intel Core 2 系列处理器。Nehalem 曾经是 Pentium 4 10 GHz 版本的代号。Core i7 的名称并没有特别的含义，Intel 表示取 i7 此名的原因只是听起来悦耳，"i"的意思是智能（Intelligence 的首字母），而 7 则没有特别的意思，更不是指第 7 代产品。而 Core 就是延续上一代 Core 处理器的成功，有些人会以"爱妻"昵称之。官方的正式推出日期是 2008 年 11 月 17 日，早在 11 月 3 日，官方已公布相关产品的售价，网上评测亦陆续被解封。

Core i7 处理器系列将不会再使用 Duo 或者 Quad 等字样来辨别核心数量。最高级的 Core i7 处理器配合的芯片组是 Intel X58。Core i7 处理器的目标是提升高性能计算和虚拟化性能。所以在电脑游戏方面，它的效能提升幅度有限。另外，在 64 位模式下可以启动宏融合模式，上一代的 Core 处理器只支持 32 位模式下的宏融合。该技术可合并某些 X86 指令成单一指令，加快计算周期。

①Intel Core i7 一代参数

Intel Core i7 900 系列是 45 nm 原生四核处理器，处理器拥有 8 MB 三级缓存，支持三通道 DDR3 内存。处理器采用 LGA 1366 针脚设计，支持第二代超线程技术，也就是处理器能以八线程运行。

②Inter Core i7 二代参数

Inter Core i7 2600 系列是 32 nm 原生四核处理器，处理器拥有 8 MB 三级缓存，支持三通道 DDR3 内存。处理器采用 LGA 1155 针脚设计，支持第二代超线程技术，也就是处理器能以八线程运行。

③性价比

英特尔首先会发布三款 Intel Core i7 处理器，频率分别为 3.2 GHz、2.93 GHz 和 2.66 GHz，主频为 3.2 GHz 的属于 Intel Core i7 Extreme 处理器售价为 999 美元，当然这款顶级处理器面向的是"发烧级"用户。而频率较低的 2.66 GHz 的定价为 284 美元，约合 1 940 元人民币，面向的是普通消费者。Intel 于 2008 年 11 月 18 日发布了三款 Core i7 处理器，分别为 Core i7 920、Core i7 940 和 Core i7 965。

而从英特尔技术峰会 2008（IDF2008）上英特尔展示的情况来看，Core i7 的能力在 Core2 extreme qx9770（3.2GHz）的三倍左右。在 IDF2008 上，Intel 公司工作人员使用一颗 Core i7 3.2 GHz 处理器演示了 CineBench R10 多线程渲染，结果很惊人。渲染开始后，四颗核心的八线程同时开始工作，仅仅 19 秒后完整的画面就呈现在了屏幕上，得分超过45 800。相比之下，Core2 extreme qx9770 3.2 GHz 只能得到 12 000 分左右，超频到4.0 GHz 才勉强超过 15 000 分，不到 Core i7 的三分之一。Core i7 的超强实力由此可窥见一斑。

第二代智能英特尔酷睿 i7 处理器为苛刻的应用提供优异性能。此四核处理器具备

8 路多任务功能和额外的 L3 高速缓存。该第二代处理器的自适应性性能和内置视觉功能使用户的电脑体验更具智能性。

第二代智能英特尔酷睿 i7 处理器采用英特尔睿频加速技术 2.0 和英特尔超线程(HT)技术,使必需的安全性应用和协议能在后台有效地操作,而不会影响工作效率。

集成第二代智能英特尔酷睿处理器的英特尔核芯显卡 2000 技术足以满足当今在视觉上日益精密复杂的通信需求。相对独立的显卡降低了功耗和系统成本。

④技术参数

型号	L3	主频	内核数	睿频	虚拟化	64 位	可信执行	核芯显卡
i7-2600S	8 MB	2.80 GB	4C/ 8T	2.0	✓	✓	✓	✓
i7-2600K	8 MB	3.4 GB	4C/ 8T	2.0	✓	✓	✕	✓
i7-2600	8 MB	3.4 GB	4C/ 8T	2.0	✓	✓	✓	✓
i7-2820QM	8 MB	3.4 GB		2.3				
i7-2920XM	8 MB	3.5 GB		2.5				

2. AMD(超微)处理器

(1) AMD 的处理器有以下系列:

AMD Opteron(皓龙)™处理器

AMD Turion™(炫龙)™处理器

AMD Athlon(速龙)™处理器

AMD Sempron(闪龙)™处理器

AMD Phenom(羿龙)™处理器

①AMD Opteron(皓龙)™处理器

AMD Opteron 处理器采用了直连架构,能够为各种规模企业提供重要的虚拟化功能、处理能力、性能和效率。

增强型四核 AMD Opteron 处理器是采用直连架构的第三代 AMD Opteron 处理器。采用直连架构的 AMD Opteron 处理器,通过减小延迟和改进性能,能够为现在和未来的技术提供支持,如虚拟化、网络托管、流式传输环境和数据库等,从而提供高性能来满足用户业务发展的需要。

②AMD Turion™(炫龙)™处理器

• AMD 双核 Turion™ 64 移动计算技术

特点:拥有做得更多、更快的能力。

• AMD 双核 Turion™ Ultra 和 AMD 双核 Turion™移动式处理器

特点:为用户提供完成多任务所需的性能和更长的电池续航时间。

③AMD Athlon(速龙)™处理器

在各种先进的计算系统中,AMD 技术都发挥着重要作用——从领先的双核动力到提供日常的家用和办公性能。

④AMD Sempron(闪龙)™处理器

AMD Sempron(闪龙)处理器为台式机和移动产品提供了同级别产品中的最高性能。它能兼容用户所需要的所有应用并提供高可靠性。

⑤AMD Phenom(羿龙)™处理器

据悉,"羿龙"的"羿"取自中国古老神话"后羿射日"的典故,象征着挑战极限、超越梦想的含义。更重要的是,"后羿射日"代表了传统文化取向,有一种浪漫英雄主义的情结映在其中。这不论对于 AMD China,还是消费者,都是一种与生俱来的向往和追求。

• AMD Phenom(羿龙)™Ⅱ处理器

AMD 提供满足更高级别高清计算和繁重多任务计算需求的高效能革新计算解决方案,为客户提供无与伦比的多核计算价值。

• AMD Phenom(羿龙)™X3 三核处理器

多核性能为用户带来精彩逼真的游戏快感,如水晶般清晰的数字媒体享受及大量多任务处理的真实体验。

• AMD Phenom(羿龙)™X4 四核处理器

真正的四核性能提供先进的多任务处理能力和视觉效果极佳的图形显示能力。

(2) Phenom(羿龙)™Ⅱ主要产品介绍

大量多任务性能:高速处理让用户无需等待。强大的 AMD 四核羿龙™处理器使用户的 PC 机能够同时处理各种任务,甚至当用户的 PC 机达到负荷极限时也不例外。用户如果想在发送电子邮件、下载文件、杀毒和用 Photoshop 编辑大图片的同时播放高清DVD,无需担心处理能力不够,因为 AMD 多核处理器是专为提高大量多任务性能而量身设计的。

AMD Phenom(羿龙)™Ⅱ三核处理器产品规范如下所示:

型号	主频	系统总线速度	封装	处理器聚合带宽	电压	最大设计功耗	最高温度	二级缓存专用	三级缓存	CMOS 技术
羿龙™Ⅱ720	2.8 GHz	4 000 MHz	AM3	37 GB/s	0.850～1.425 V	95 W	73℃	1.5 MB	6 MB	45 nm SOI
羿龙™Ⅱ710	2.6 GHz	4 000 MHz	AM3	37 GB/s	0.850～1.425 V	95 W	73℃	1.5 MB	6 MB	45 nm SOI

AMD Phenom(羿龙)™Ⅱ四核处理器产品规范如下所示：

型号	主频	系统总线速度	封装	处理器聚合带宽	电压	最大设计功耗	最高温度	二级缓存专用	三级缓存	CMOS 技术
羿龙™Ⅱ 940	3.0 GHz	3 600 MHz	AM2+	31.5 GB/s	0.875~1.5 V	125 W	62℃	2 MB	6 MB	45 nm SOI
羿龙™Ⅱ 920	2.8 GHz	3 600 MHz	AM2+	31.5 GB/s	0.875~1.5 V	125 W	62℃	2 MB	6 MB	45 nm SOI
羿龙™Ⅱ 925	2.8 GHz	4 000 MHz	AM3	37 GB/s	0.850~1.425 V	95 W	71℃	2 MB	6 MB	45 nm SOI
羿龙™Ⅱ 910	2.6 GHz	4 000 MHz	AM3	37 GB/s	0.875~1.425 V	95 W	71℃	2 MB	6 MB	45 nm SOI
羿龙™Ⅱ 810	2.6 GHz	4 000 MHz	AM3	37 GB/s	0.875~1.425 V	95 W	71℃	2 MB	4 MB	45 nm SOI
羿龙™Ⅱ 805	2.5 GHz	4 000 MHz	AM3	37 GB/s	0.875~1.425 V	95 W	71℃	2 MB	4 MB	45 nm SOI

（3）Phenom(羿龙)™X3 主要产品介绍

AMD 三核 Phenom(羿龙)™处理器产品规范如下所示：

型号	主频	最大功耗	系统总线速度	处理器总带宽	支持内存类型(最高)
低功耗三核羿龙™8250e	1.9 GHz	65 W	3 600 MHz	31.5 GB/s	DDRⅡ 1 066 MHz
低功耗三核羿龙™8450e	2.1 GHz	65 W	3 600 MHz	31.5 GB/s	DDRⅡ 1 066 MHz
三核羿龙™8750	2.4 GHz	95 W	3 600 MHz	31.5 GB/s	DDRⅡ 1 066 MHz
三核羿龙™8650	2.3 GHz	95 W	3 600 MHz	31.5 GB/s	DDRⅡ 1 066 MHz
三核羿龙™8600	2.3 GHz	95 W	3 600 MHz	31.5 GB/s	DDRⅡ 1 066 MHz
三核羿龙™8450	2.1 GHz	95 W	3 600 MHz	31.5 GB/s	DDRⅡ 1 066 MHz
三核羿龙™8400	2.1 GHz	95 W	3 600 MHz	31.5 GB/s	DDRⅡ 1 066 MHz

（4）AMD Phenom(羿龙)™X4 主要产品介绍

利用 AMD Phenom(羿龙)™X4 9000 系列四核处理器的卓越性能，实现与朋友、家人和数字媒体互联的新可能。AMD Phenom(羿龙)™X4 处理器完全为实现真正的四核性能而制造。

AMD 四核 Phenom(羿龙)™处理器产品规范如下所示：

型号	主频	最大功耗	系统总线速度	处理器总带宽	支持内存类型（最高）
低功耗四核羿龙™9450e	2.1 GHz	65 W	3 600 MHz	31.5 GB/s	DDR II 1 066 MHz
低功耗四核羿龙™9350e	2.0 GHz	65 W	3 600 MHz	31.5 GB/s	DDR II 1 066 MHz
低功耗四核羿龙™9150e	1.8 GHz	65 W	3 200 MHz	29.9 GB/s	DDR II 1 066 MHz
低功耗四核羿龙™9100e	1.8 GHz	65 W	3 200 MHz	29.9 GB/s	DDR II 1 066 MHz
四核羿龙™9950	2.6 GHz	140 W	4 000 MHz	33.1 GB/s	DDR II 1 066 MHz
四核羿龙™9850	2.5 GHz	125 W	4 000 MHz	33.1 GB/s	DDR II 1 066 MHz
四核羿龙™9700	2.4 GHz	95 W	3 600 MHz	31.5 GB/s	DDR II 1 066 MHz
四核羿龙™9650	2.3 GHz	95 W	3 600 MHz	31.5 GB/s	DDR II 1 066 MHz
四核羿龙™9600	2.3 GHz	95 W	3 600 MHz	31.5 GB/s	DDR II 1 066 MHz
四核羿龙™9550	2.2 GHz	95 W	3 600 MHz	31.5 GB/s	DDR II 1 066 MHz
四核羿龙™9500	2.2 GHz	95 W	3 600 MHz	31.5 GB/s	DDR II 1 066 MHz

二、主板的选购

主板的重要性不言而喻！一块性能十分强劲的 CPU，如果没有一块做工扎实、用料考究的好主板搭配，不但无法完全发挥出处理器的性能，还会造成系统的不稳定。因此，用户在"攒机"时，不单单要考虑选择一块性能出色的处理器，在主板的选购上也要引起足够的重视。在选择主板时，一线品牌的主推产品固然好用，但价格往往较高，是大部分朋友所不能够接受的。DIY 的乐趣就是花最少的钱买最实用的产品，在考虑与其他周边设备的兼容性之外，剩下的就要在细节上精选主板了。

主板的选购是很有学问的，那么用户在购买主板时，应该从哪几个方面入手呢？主要考虑以下四个方面：用途、用料做工、品牌和价格。

1. 用途

购买主板的用途，应根据 CPU 的型号合理搭配主板芯片组，并不是哪个最贵，哪个就最好，适合的才是最好的。所以，选好 CPU，接下来就该选择主板了。在购买主板时，用户首先需要考虑的是为 CPU 搭配什么样的芯片组，由于芯片组是主板上的核心部件，即使主板做工用料再好再考究，如果主芯片组与 CPU 不匹配，照样也不能发挥处理器的所有性能，还会造成兼容性的问题。因此，选好主板芯片组相当重要。

2. 用料做工

从图 1.3-30 用户对主板选购要求的调查中可以看到，其中有将近一半的用户在选择主板的时候首先考虑的是主板的用料做工，其次才是品牌和价格。

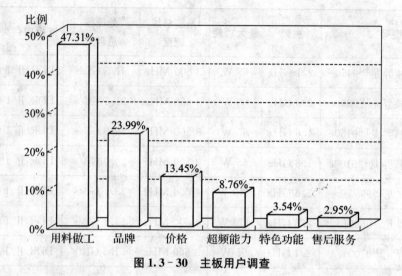

图 1.3 - 30　主板用户调查

　　下面就来分析一下选择一块主板要注意用料做工的哪些方面。其实用户平时讲"做工用料"只是一个笼统的说法，做工和用料是两个完全不同的概念。"做工"指的是制作工艺，应该包含 PCB 板布局、焊接工艺等方面的内容；"用料"当然说的就是主板上各个元器件的配备情况了。

　　(1) 印刷电路板

　　确定搭配的芯片组之后，接下来用户应该在主板的板型上下工夫了。一块主板放在用户面前，最先看到的就是它的 PCB，即印刷电路板，它是主板的板基，是主板上所有元器件赖以"生存"的基础。PCB 由层数不等的树脂材料黏合在一起制作而成；内部采用铜箔走线，叫做"迹线"("蛇形线")。普通的主板一般采用的是四层的 PCB 板，最上和最下面的两层叫做信号层，从上往下数的第二层则叫做接地层，第三层叫做电源层。

　　PCB 板的层数越多，主板的根基越扎实，信号之间的干扰就会越少，能够保证主板上的电子元器件(芯片组、电容、IC 等)在恶劣的环境下正常工作不受干扰，其使用寿命越长，在使用过程中发生物理故障的可能性越少，当然成本也就会越高。服务器所使用的主板大都是 6 层或者 8 层板，高档一些的家用商用机使用的主机板为 6 层板。目前市场上见到的大多数主板都使用的是 4 层板，对于判断方法，也很简单，层数多的 PCB 板也就越厚。

　　除了考虑层数外，PCB 板的板型也很重要。目前的板型主要以 ATX、MATX 为主(图 1.3 - 31、图 1.3 - 32)，虽然就这两种板型结构，但不同的产品仍然存在一定的差异。例如同样是 ATX 标准大板，就存着在宽板与窄板这两种不同的情况。一般认为，宽板更有利于各种元器件的合理布局，但成本相对较高。窄板结构不但不利于元器件的布局，而且散热方面也不如宽板好，虽然不能一概看成是缩水的表现，但至少成本上没有宽板高。

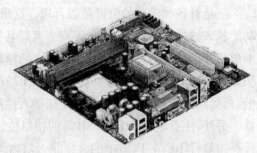

图 1.3 - 31　ATX 标准大板　　　　　　图 1.3 - 32　MATX 小板

由于 PCB 板的制作较复杂，容易混入杂质，因此还要观察 PCB 板的色泽是否光亮整洁，有无杂质混入。如果杂质是金属性物质，碰巧又落在两条走线之间，在洗板的时候又没有清除掉，那么就相当于两条走线间直接短路了，其后果的严重性自然不难设想。

另外，用户还要观察主板上电子元器件布局设计是否合理。要是观察的主板插不下显卡，或显卡和内存"打架"，或是无法安装较大的散热器，就应该考虑一下主板的设计工艺是否合理。在这方面，用户主要应考虑以下几个方面：

一是 CPU 插槽的周围是否有足够的空间。如果周围电容太密集，供电插座等设计不合理，不但会影响到 CPU 的拆装、CPU 的散热，超频的朋友还无法安装性能更强大的散热器。

二是主芯片组与 CPU、内存和显卡部分的走线安排是否合适。一块将 CPU、内存和显卡设计在离北桥芯片组越近的位置的主板，就越能提高 CPU 与内存、显卡通过北桥芯片组进行数据交换的速度。南桥的设计也是如此，其设计是否距离主要的存储接口等较近（图 1.3 - 33）。

图 1.3 - 33　插槽旁边的南桥

如果扩展插槽过于紧密，特别是 PCI-E 与 PCI 插槽之间，高端的显卡则会造成安装不到位的情况。

三是看各种插槽的位置是否合理。这里重点强调的是 PCI-E 显卡插槽,目前显卡的功能越来越强,SLI、Crossfire 等双卡互联甚至四卡互联都不是什么新鲜事了。强大的显卡散热器也越做越大,目前 PCI-E 显卡插槽较之前的 AGP 插槽相比高度稍低一些,可以明显地看出 PCI-E 插槽比主板上的 PCI 插槽低出一截,如果购买了一块性能强劲的显卡,而受到 PCI 插槽的影响则会无法插入使用。

另外,注意电源、IDE、USB 等的接口位置,要考虑到设备的拔插是否方便。

四是看印刷在 PCB 上的文字是否清晰。主板上每个元器件都印有相应的标志,用来指示元器件的位置,并指导最终用户做诸如"设置跳线"等基本操作。丝印一般为白色,较好的丝印字迹清晰,密而有序,而丝印不良的板子其丝印的字迹则会拥挤在一起,无法识别。丝印不良的 PCB,一方面可能导致用户使用及维护的不便,另外也是主板厂商实力的有力鉴证。

五是看主板上有无补油。补油就是在 PCB 上制作时因为各种原因而导致"露铜"的现象,如不将这块铜补上,主板在工作中就会产生不良的干扰,严重的还会在加电使用时造成短路的故障。过多地使用"补油"工艺的主板,当然不在用户选购的范围之内,因为它反映出 PCB 制造厂商的制造水平以及主板产商对原材料的选择水准。过多补油的主板,会在外观的颜色上有所不同,仔细观察就能发现。

六是看焊盘平整度。劣质主板的焊接工艺不佳,从外形看来就是"荆棘遍布"。优质主板的焊盘应该非常的平整。什么是平整? 就是没有焊锡的淤积。PCB 上的焊盘如果不平整,就会在上锡处,看到锡块在边缘处有层状淤积,这不仅影响了美观,而且对于后续工序的进行也会产生不良的影响,因为正如用户看到的那样,主板上有很多重要的元件,如某处的焊接不良,会影响到周边的元器件的焊接。

当然,用户在选购主板时,还要注意到 PCB 的大小与自己的机箱是否相配。生产厂商不同,主板的大小也会有所不同,最好先观察一下机箱的安装孔位再来确定购买什么样的主板。

(2) 供电模块选择

谈起主板用料,大家印象最深刻的除了"两倍铜"之外,恐怕就是两家一线品牌的"供电项数"之争了,这边刚刚出来 24 项 CPU 供电,那边 32 项供电就粉墨登场了,主板的供电模块是用户能最为直观感受到的主板用料情况,也是各个厂商体现自己设计实力的重要形式。那么用户在选购主板的时候,在主板供电方面究竟要注意哪些问题呢?

首先,要注意供电项数选择。奢华的 24 项、32 项供电只是展示厂家设计能力的平台,普通用户就没有必要追求这么多的供电项数了。选择主板的 CPU 供电项数,要根据自己 CPU 的使用情况来决定。以市面上 TDP 功耗最大的处理器为例,135 W 的处理器,如果 CPU 电压为 1.35 V,那么通过 CPU 供电电路的电流也就是 100 A,这 100 A 的电流由几项供电来负担呢? 其实理论上 5 项供电就够了,如果考虑到电器元件的发热量,用户将负载减轻一半,那也只需要 10 项供电,每项供电负担 10 A 的电流供应。所以对市面上 6 核心处理器来讲,10 项以上的主板供电都是浪费,4 核心 CPU 只要搭配 6~8

项供电即可,双核 CPU 只要搭配 3~4 项即可满足要求,没有必要一味追求更多的 CPU 供电项数。图 1.3-34 为 6 项供电的主板、图 1.3-35 为 32 项供电的主板。

图 1.3-34 6 项供电的主板　　　　　图 1.3-35 32 项供电的主板

其次,要注意供电电路设计。一般主板上的供电模块是由 1 个电感线圈,2 颗电容和 2 个 MOS 管组成的,有些厂家比较有特色的增强型供电设计中可以采用 3~4 颗 MOS 管,以延长 MOS 的使用周期,减少发热量。然而也有个别厂商在生产主板的时候,采用了一些不规范的设计行为,采用 2 颗电感线圈并联的方式,容易对用户选择主板时造成误导。

最后,注意"N+1"项的数字游戏。用户经常可以看到主板宣传中的"N+1"项供电之类的说法,其实 4+1 项供电和 5 项供电是不能等价的,那个多出来的"+1"项供电往往是提供给 CPU 的内存控制器、北桥之类的部件,而并非提供给 CPU 本身,所以用户在根据 CPU 选择搭配的主板时,这个"+1"项的供电基本可以无视。

当然,除了 CPU 供电模块,主板上分别还有供给内存、北桥、南桥甚至显卡插槽供电的模块电路,由于不同档次的主板上配备的情况不同,这里就不再一一介绍,用户在选购的时候可以秉承这样一个原则:对于 CPU 供电以外的供电模块,有比没有好、多项比单项好。

3. 典型主板品牌和价格简介

(1) 华硕 P8H61-M LE

主芯片组:Intel H61

CPU 插槽:LGA 1155

CPU 类型:Core i7/Core i5/Co

内存类型:DDR3

集成芯片:显卡/声卡/网卡

USB 接口:10×USB 2.0 接口

SATA 接口:4×SATA II 接口

PCI 插槽:1×PCI 插槽

主板总线:支持 Turbo Boost 2.0

网卡芯片:板载 Realtek RTL811

(2) 华硕 P8P67 LE

主芯片组:Intel P67

CPU 插槽:LGA 1155

CPU 类型:Core i7/Core i5/Co

内存类型:DDR3

集成芯片:声卡/网卡

显示芯片:无

USB 接口:14×USB 2.0 接口;2

SATA 接口:4×SATA II 接口;2

PCI 插槽:3×PCI 插槽

主板总线:支持 Turbo Boost 2.0

网卡芯片:板载 Realtek RTL811

音频芯片:集成 Realtek ALC892

(3) 技嘉 GA-H61M-D2P-B3(GIGABYTE 技嘉 GA-H61M-D2P-B3)

主芯片组:Intel H61

CPU 插槽:LGA 1155

CPU 类型:Core i7/Core i5/Co

内存类型:DDR3

集成芯片:声卡/网卡

显示芯片:CPU 内置显示芯片

USB 接口:10×USB2.0 接口;4

SATA 接口:4×SATA II 接口;2

PCI 插槽:2×PCI 插槽

网卡芯片:板载 Realtek RTL811

音频芯片:集成 Realtek ALC889

芯片厂商:Intel

(4) 技嘉 GA-Z68XP-UD3-iSSD(GIGABYTE 技嘉 GA-Z68XP-UD3-iSSD)

主芯片组:Intel Z68

CPU 插槽:LGA 1155

CPU 类型:Core i7/Core i5/Co

内存类型:DDR3

集成芯片:声卡/网卡

USB 接口:14×USB 2.0 接口;6

SATA 接口:4×SATA II 接口;2

PCI 插槽:2×PCI 插槽

供电模式:15 相

网卡芯片:板载 Realtek RTL811

(5) 微星 PH67S-C43(B3)(msi 微星 PH67S-C43(B3))

主芯片组:Intel H67

CPU 插槽:LGA 1155

CPU 类型:Core i7/Core i5/Co

内存类型:DDR3

集成芯片:声卡/网卡

主板板型:ATX 板型
SATA 接口:4×SATA II 接口;2
PCI 插槽:3×PCI 插槽
网卡芯片:板载 Realtek RTL811
音频芯片:集成 Realtek ALC892
芯片厂商:Intel
芯片组描述:采用 Intel H67 芯片

67

三、内存条的选购

内存作为个人电脑硬件的必要组成部分之一,它的地位越发重要起来。内存的容量与性能已成为决定微机整体性能的一个决定性因素,因此为了提高个人电脑的整体性能,给用户的机器配备足够的内存就成为问题关键之所在了。而如今不少人都认为内存的配置与选购较为简单,对它的重视程度不够,所以在选择上很随意,因此造成了一些诸如不明原因"死机"等不必要的麻烦。如果在选购前能多了解一些关于内存方面的知识,无论是在选购还是在使用中就都能够有的放矢了。

下面是几种典型的内存条:

1. 金士顿 4GB DDR3 1333(Kingston 金士顿 4GB DDR3 1333)
适用类型:台式机
内存容量:4 GB
容量描述:单条(4 GB)
内存类型:DDR3
内存主频:1 333 MHz
颗粒封装:FBGA
CL 延迟:9
针脚数:240 pin
传输标准:PC3-10600
工作电压:1.5 V

2. 金士顿 2GB DDR2 800(笔记本)
适用类型:笔记本
内存容量:2 GB
容量描述:单条(2 GB)
内存类型:DDR2
内存主频:800 MHz
CL 延迟:5
针脚数:200 pin
内存校验:ECC
传输标准:PC2-6400

3. 威刚 4GB DDR3 1333(万紫千红)
适用类型:台式机

内存容量:4 GB

容量描述:单条(4 GB)

内存类型:DDR3

内存主频:1 333 MHz

CL 延迟:9

针脚数:240 pin

传输标准:PC3-10600

工作电压:1.5~1.75 V

4. 威刚 2GB DDR2 800(笔记本)(威刚 2GB DDR2 800(笔记本))

适用类型:笔记本

内存容量:2 GB

容量描述:单条(2 GB)

内存类型:DDR2

内存主频:800 MHz

CL 延迟:6

针脚数:200 pin

传输标准:PC2-6400

工作电压:1.8 V

四、硬盘的选购

目前用户在市场上见到的硬盘大多是希捷(Seagate)、迈拓(Maxtor)、西部数据(Western Digital)、日立(Hitachi)和三星(Samsung)等几家厂商的产品。最近硬盘新品不断上市,各厂家在硬盘编号的定义上也发生了一定的变化。许多消费者对于目前各品牌硬盘的编号已经难以辨识。

因为硬盘的每个编号都代表着特定的含义,所以对于消费者来说,硬盘编号就像是硬盘的"身份证"。通过这些复杂的编号,用户可以从中解读出硬盘的容量、转速、接口类型、缓存等各项性能指标,而这些信息对于用户选购自己中意的硬盘产品是非常有帮助的。

在用户平时选购硬盘时,经常会了解硬盘的一些参数,而且很多杂志的相关文章也对此进行了不少的解释。不过,很多情况下,这种介绍并不细致甚至会带有一些误导的成分。下面介绍硬盘的主要性能技术指标及典型硬盘的简介,希望能对硬盘选购者提供应有的帮助。

1. 硬盘主要性能技术指标

(1) 容量

用户通常所说的容量是指硬盘的总容量。这里要注意,一般硬盘厂商定义的单位 1 GB=1 000 MB,而系统定义的单位 1 GB=1 024 MB,所以会出现硬盘上的标称值小于格式化容量的情况,这算业界惯例,属于正常情况。

还有一种是指单碟容量,单碟容量就是指一张碟片所能存储的字节数,现在硬盘的单碟容量一般都在 20 GB 以上。而随着硬盘单碟容量的增大,硬盘的总容量已经可以实现上百甚至上千 GB 了。目前,市场上所售的硬盘容量大都在 120 GB 以上。

（2）每分钟转速（RPM，Revolutions Per Minute）

这一指标代表了硬盘主轴马达（带动磁盘）的转速，比如 5 400 RPM 就代表该硬盘中的主轴转速为每分钟 5 400 转。其转速越高，内部传输速率就越高。目前一般的硬盘转速为 5 400 转/分或 7 200 转/分，最高的转速则可达到 10 000 转/分以上。用户可以这样理解：当磁头在盘片定位寻找数据时，如果盘片转动速度越快，磁头则可更快地定位到要找的数据，那么硬盘在 1 秒钟内可读取的数据就越多。特别是在读取游戏和拷贝大量数据的时候，转速高低的差别就明显地体现出来。

（3）平均寻道时间（Average Seek Time）

平均寻道时间是指硬盘磁头移动到数据所在磁道时所用的时间，单位为毫秒（ms），现在硬盘的平均寻道时间一般低于 9 ms。平均寻道时间越短，硬盘的读取数据能力就越高。

（4）平均潜伏期（Average Latency）

这是指硬盘在盘面上移动读写头至指定磁道寻找相应目标数据所用的时间，它描述硬盘读取数据的能力，单位为 ms。

（5）平均等待时间（Average Latency Time）

这是指当磁头移动到数据所在磁道后，等待所需数据块继续转动到磁头下的时间。它是盘片旋转周期的 1/2。

（6）平均访问时间（Average Access Time）

这是指磁头找到指定数据的平均时间，通常是平均寻道时间和平均潜伏时间之和。平均访问时间最能够代表硬盘找到某一数据所用的时间，越短的平均访问时间越好，一般在 11～18 ms。注意：现在不少硬盘广告中所说的平均访问时间大部分都是用平均寻道时间所代替的。

平均访问时间＝平均寻道时间＋平均等待（潜伏）时间。

平均访问时间既反映了硬盘内部传输速率，又是评价硬盘读写数据所用时间的最佳标准。

（7）最高内部传输速率

这是硬盘的内圈传输速率，它是指磁头和高速数据缓存之间的最高数据传输速率，单位为 MB/s。最高内部传输速率的性能是与硬盘转速以及盘片存储密度（单碟容量）有直接的关系。

（8）缓冲区容量（Buffer Size）

硬盘缓存是为解决硬盘的存取速度和内存存取速度不匹配而设计的（类似于 CPU 的一二级缓存）。缓存的容量因为其造价太高，而不可能做得太大。ATA 硬盘的缓存大小一般为 512 KB 和 2 MB。现在来说，5 400 转/分的硬盘的缓存通常有 512 KB 和 2 MB 两种，7 200 转/分的硬盘的缓存通常为 2 MB 或者 8 MB，还有一些高端的型号采用了更大的缓存以提高硬盘性能。硬盘缓存越大，一次的数据吞吐量就越大，性能也就越好。

2．典型硬盘简介

（1）希捷 Barracuda 1TB SATA 6GB/s 7200.12（ST31000524AS）

硬盘容量：1 000 GB

接口类型：SATA3.0（6GB/s）

转速：7200 转/分

缓存:32 MB

平均寻道:随机读取寻道时间＜8.5 ms　随机写入寻道时间＜9.5 ms

产品尺寸:146.99 mm×101.6 mm×26.1 mm

其他性能:保证的扇区数:1953525168

(2) WD 1TB 7200 转 64MB Caviar Black(串口 WD1002FAEX)

硬盘容量:1 000 GB

接口类型:SATA3.0(6GB/s)

转速:7 200 转/分

硬盘缓存:64 MB

接口速率:300 MB/s

硬盘尺寸:3.5 英寸

盘片数:2

随机附件:符合 SATA 6GB/s 标准

内部传输速率:126 MB/s

外部传输速率:600 MB/s

其他性能:功耗方面休眠和待机

产品尺寸:147 mm×101.6 mm×26.1 mm

五、显卡的选购

1. 显示器

作为微机的五大部件之一的输出设备中,最主要的就是显示器了。显示器的性能指标可以从以下几个方面来考虑:

(1) 显像管尺寸

显像管尺寸与电视机的尺寸标注方法是一样的,都是指显像管的对角线长度。

(2) 分辨率

分辨率是指显示器所能显示的点数的多少。

(3) 刷新频率

刷新频率就是每秒钟刷新屏幕的次数,也叫场频或垂直扫描频率。

(4) 行频

行频也是一个很重要的指标,它是指显示器电子枪每秒钟所扫描的水平行数,也叫水平扫描频率,单位是 kHz。

(5) 带宽

就是指显示器的电子枪每秒钟内能够扫描的像素个数。带宽的计算公式为:

带宽＝水平分辨率×行频

(6) 点距

点距是针对使用孔状荫罩的 CRT 显示器来说的,指荧光屏上两个同样颜色荧光点之间的距离。

2. 显卡

用户在购买显卡时应该注意以下几方面的因素:

（1）在主芯片选择方面。

（2）在显存容量选择方面。

（3）显卡所采用的 PCB 板的制造工艺及各种线路的分布。一款好的显卡，其 PCB 板、线路、各种元件的分布是比较规范的。

用户在购买显卡时，最好选择正规厂家的品牌，这样才能从根本上保证自己的消费权益。就图形显示市场来看，目前已经形成丽台、七彩虹、小影霸等十多个国内知名品牌齐头并进的格局。

3．典型显卡简介

（1）七彩虹 iGame GTS450 烈焰战神 U 1024M（鲨鱼仿生学）

芯片厂商：NVIDIA

显卡芯片：Geforce GTS 450

显存容量：1 024 MB GDDR5

显存位宽：128 bit

核心频率：850 MHz

显存速度：0.4 ns

散热方式：散热风扇

I/O 接口：Mini HDMI 接口/双 DVI 接口

总线接口：PCI Express 2.0 16X

流处理器：192 个

（2）七彩虹 iGame560TI 烈焰战神 X D5 1024M

芯片厂商：NVIDIA

显卡芯片：GeForce GTX 560 Ti

显存容量：1 024 MB GDDR5

显存位宽：256 bit

核心频率：900 MHz

显存频率：4 200 MHz

散热方式：散热风扇

总线接口：PCI Express 2.0 16X

流处理器：384 个

3D API：DirectX 11

最高分辨：2 560×1 600

制造工艺：40 nm

（3）影驰 GT430 虎将 D5（GALAXY 影驰 GT430 虎将 D5）

芯片厂商：NVIDIA

显卡芯片：GeForce GT430

显存容量：1 024 MB GDDR5

显存位宽：128 bit

核心频率：700 MHz

显存频率：3 100 MHz

散热方式：散热风扇

I/O 接口：HDMI 接口/DVI 接口/VGA 接口

总线接口：PCI Express 2.0 16X

流处理器：96 个

3D API：DirectX 11

最高分辨：2 560×1 600

（4）华硕 MARS II2DIS3GD5

芯片厂商：NVIDIA

散热方式：散热风扇

I/O 接口：DisplayPort 接口/HD

3D API：DirectX 11

核心代号：GF110

外接电源：8 pin＋8 pin＋8 pin

（5）华硕 ENGTX560 Ti DCII/2DI/1GD5

芯片厂商：NVIDIA

显卡芯片：GeForce GTX 560 Ti

显存容量：1 024 MB GDDR5

显存位宽：256 bit

核心频率：830 MHz

显存频率：4 000 MHz

I/O 接口：Mini HDMI 接口/双 DVI 接口

总线接口：PCI Express 2.0 16X

流处理器：384 个

3D API：DirectX 11

最高分辨：2 560×1 600

制造工艺：40 nm

六、光驱的选购

1. 选购光驱时的主要注意事项

用户在选购光驱时主要考虑以下几个技术指标：

（1）数据传输率（Data Transfer Rate）

数据传输率是光驱最基本的性能指标，称为倍速。

（2）平均访问时间（Average Access Time）

平均访问时间又称平均寻道时间，是指光驱的激光头从原来的位置移动到指定的数据扇区，并把该扇区上的第一块数据读入高速缓存所耗费的时间。

（3）CPU 占用时间（CPU Loading）

CPU 占用时间是指光驱在保持一定的转速和数据传输率时所占用 CPU 的时间。

（4）数据缓冲区（Buffer）

数据缓冲区是光驱内部的数据存储区，主要用于存放读出的数据。

（5）光盘格式兼容性（CD Format Compatibilities）

根据 MPC3 标准，光驱应支持 CD-AUDIO、CD MODE1、CD MODE2、CD-ROM/XA、

Photo CD、CD-R、VIDEO CD、CD-I 等光盘格式。早期的某些光驱不支持 VIDEO CD,但目前市场上的光驱都能够支持以上各种格式的光盘了。

2．光盘、光驱的未来

（1）回顾

在十年以前,由于光盘重量轻、价格便宜,作为主要的外存设备,但随着 U 盘的出现,光盘的劣势立马显现出来,U 盘重量更轻、价格也便宜,关键有两点光盘无法比拟的优势:就是容量大,不需要专门的驱动设备。

（2）展望

正是由于 U 盘具有便于携带、价格便宜、维护方便、不需要专门的驱动器（只要 USB 接口）、容量较大等这些巨大优势。而光盘与 U 盘相比,已经没有任何优势可言,并且,光盘有专门的驱动设备。很多用户相信,在不久的将来,U 盘将把光盘淘汰掉！也许,以后只能在计算机博物馆里才能找到光盘和光驱。

七、声卡、网卡的选购

1．声卡的类型

声卡按照输出声道数来分类,可以分为单声道声卡、双声道声卡、四声道声卡、5.1 声道声卡。

（1）早期的声卡基本上都采用单声道,它没有很好的声音定位效果。

（2）立体声的技术是声音在录制过程中被分配到两个独立的声道,从而达到了很好的声音定位效果。

（3）四声道环绕音,它是把独立的四个声道分开存放。

（4）5.1 声道包括中央声道、前置主左/右声道、后置左/右环绕声道及所谓的 0.1 声道——重低音声道,共可连接 6 个音箱,构成了 5.1 环绕声场系统。

2．典型声卡简介

（1）创新 audigy 豪华版（SB0090）（Creative 创新 audigy 豪华版（SB0090））

声卡声道:5.1 声道

内置外置:内置

适用领域:家用

声卡类别:数字声卡

（2）乐之邦 Monitor 01 USD

内置外置:外置

音频接口:光纤

输出采样:24 Bit/192 kHz

采样位数:24 bit

总线接口:USB

适用领域:专业

声卡类别:数字声卡

（3）德国坦克 DMX 6Fire USB（TerraTec 德国坦克 DMX 6Fire USB）

内置外置:外置

音频接口:同轴光纤输出、6.5mm 通用麦克风

采样位数：24 bit

总线接口：USB

适用领域：专业/家用

声卡类别：模拟声卡

3. 典型网卡简介

（1）Intel PXLA8591LR

适用网络：万兆以太网

总线类型：PCI-X

网线接口：SC

传输速率：10 000 Mbps

主芯片：82597EX 133 MHz/64 bit

网络标准：IEEE 802.3ae

适用领域：服务器

（2）Intel 9301CT

适用网络：千兆以太网

总线类型：PCI-E

网线接口：RJ-45

传输速率：1 000 Mbps

主芯片：Intel 82574GI

远程唤醒：不支持

全双工：全双工/半双工

网络标准：IEEE 802.3ad，IEEE 802.1Q，IEEE 802.1P

适用领域：台式机

随机存储：不支持

（3）腾达 L8139D

适用网络：快速以太网

总线类型：PCI

网线接口：RJ-45

传输速率：10/100 Mbps

全双工：全双工/半双工自适应

传输介质：10Base-T：3 类或 3 类以上 UTP；100Base-TX：5 类 UTP；1000Base-T：超 5 类 UTP

网络标准：IEEE 802.3，IEEE 802.3u

适用领域：台式机

LED 指示：link/act

八、键盘、鼠标的选购

1. 键盘的选购

（1）键盘的类型

• 手写键盘：它是普通键盘与手写板的结合。

● 笔记本键盘:此类键盘是仿照笔记本电脑制作的,所以整体样式小巧玲珑,但因键盘面积的减小,所以键位也减小了很多。

● 人体工程学键盘。

● 多媒体键盘:就是通过自带的驱动程序,使用键盘上的快捷键来实现诸如 CD 播放、音量调整、键盘软开关电脑、休眠启动、上网浏览等功能。

● 无线键盘:无线键盘是指在键盘和电脑之间没有物理连线,它是由与电脑相连的接收器以及通过电池提供能源的键盘两部分组成。

75

● USB 键盘:现在的主板一般都提供至少两个 USB 接口,为了使用更多的 USB 设备就必须添加 USB hub 或者按照额外的 USB 扩充卡来扩展 USB 接口的数量。

● 集成鼠标的键盘:这类键盘和笔记本电脑的键盘很类似,一般在键盘上集成的鼠标多以轨迹球和压力感应板的形式出现,这样可以节省桌面空间。

(2)键盘的选购

● 键位布局:标准键盘主要有 104 键盘和 107 键盘。104 键盘又称 Windows 95 键盘;107 键盘又称为 Windows 98 键盘,比 104 键盘多了睡眠、唤醒、开机等电源管理键。

● 键盘的类型:键盘的类型按照结构可分为机械式和电容式两大类。

● 接口的类型:常见的键盘接口有老式 AT 接口(俗称大口)、PS/2 接口(俗称小口)和 USB 接口。

● 操作手感:键盘按键的手感是键盘对于使用者的最直观体验,也是键盘是否"好用"的主要标准。

● 舒适度:由微软公司发明的人体工程学键盘将键盘分成两部分,两部分呈一定角度,以适应人手的角度,使输入者不必弯曲手腕。

2. 鼠标的选购

(1)鼠标的类型

● 机械式鼠标;

● 网际网络鼠标或滚轮鼠标;

● 半光学式鼠标;

● 光学式鼠标(需要特殊的鼠标垫);

● 光学式鼠标(无需特殊的鼠标垫);

● 无线鼠标;

● 轨迹球。

(2)鼠标的接口。

九、机箱、电源的选购

1. 机箱的分类

从样式上来分,可以把机箱分为立式和卧式两种。

从尺寸上来分,可以把机箱分为超薄、半高、3/4 高和全高等几类。

2. 选购机箱时的注意事项

（1）从外观上来考虑。

（2）从可扩展性方面来考虑。

（3）从品质和工艺方面来考虑。

（4）从功能方面来考虑。

（5）从散热方面来考虑。

3. 电源的相关技术指标

电源的一些相关技术指标：

（1）多国认证标记。

（2）瞬间反应能力。

（3）电压保持时间。

（4）电磁干扰。

（5）开机延时。

（6）过压保护。

（7）电源寿命。

4. 选购电源时的注意事项

除了以上的技术指标外，用户在选购电源时还应注意以下几个方面的问题：

（1）外观及性能。

优质电源一般均采用较大、较厚的铝制或铜制热片，故相对于劣质电源来说，重量更重一些；另外，优质电源输出线较粗。

（2）可以通过实验来测量一下空载压降，优质电源压降较小。

（3）打开电源盒，可以发现质量优质的电源用料考究。

（4）电源风扇声响的大小。

活动 3 购买计算机

一、购买计算机的方式

第一种是实体店购买，如果是 DIY 的话，最好是去电脑城里面的实体店购买，对于精通电脑和不精通电脑的用户来说都是比较合适的。首先，精通电脑的用户 DIY 的话，在价格透明的电脑配件市场下，应该清楚价格，可以找到性价比最高的方案，对于不精通电脑的用户来说，店员可以提供给用户比较正确的 DIY 方案，至于价格，就要靠用户自己来把握。

第二种是网店购买，优势是价格极为便宜，远低于实体店，也是所有购买方式中最便宜的，适合购买中高档，与实体店差价过大的产品。缺点是低端廉价产品经常出现质量问题，或者实物与照片不符的现象。主要网站有：淘宝、拍拍、百度有啊、阿里巴巴等。

第三种是网络商城，优势是产品质量不错，价格也低于实体店，但是略高于网店，最重要的优势是能够分期付款，适合刷卡一族的用户购买。缺点是送货速度较慢，维修返厂有中转耽误时间。主要网站有：京东商城、新蛋网、红孩子网上商城、F7NET 分期网等。

第四种是官网直接购买，优势是产品质量极高，售后保障最全面，完全不用担心买到"水货"的问题，适合对产品质量要求较高的用户采用。缺点是价格往往比实体店要贵。主要网站有：三星、LG、明基、戴尔等。

第五种是团购，优势是价格极低，厂商利润非常少，由于团购是与厂商直接挂钩，因此产品售后保障也完全不是问题，是所有网购中最实惠的一种。缺点是产品样式稀少，无法覆盖所有用户群体。主要网站有：IT168 论坛团购、新浪团购等。

因此用户要想买到真正超值的产品，一定要合理选择一个适合自己的购买方式，才能保证利益最大化。如果准备购买一台高配置电脑的话，一般推荐采用网络商城分期付款方式；低配置电脑推荐采用网店购买方式；主流配置电脑推荐采用团购方式（基本上主流配置的硬件产品，团购都能买到）；对电脑质量要求较高的用户推荐采用官网直接购买的方式。

二、购买计算机时的注意事项

1. 查看配置

如果用户想看看自己电脑的配置，那就单击"开始"→"程序"→"附件"→"系统工具"→"系统信息"，里面包括硬件版本、性能指数、软件版本信息等。当然，用户也可以右键单击"我的电脑"→"属性"，或者单击"开始"→"运行"→运行"dxdiag"命令；再或者下载"CPU-Z"软件即可。

一般来讲，电脑的响应速度并不能说明某单个硬件对它的影响，它们之间需要相互匹配（下同此理），当然，硬件占主要因素，软件占次要因素。

2. 品牌机与组装机的几点差异

（1）外观与功能

多数品牌机的外观时尚、颜色艳丽。最有代表性的应该是 IBM 和 DELL，它们的台式机多以黑色为主，庄重大方，给用户一种高品位的感觉。如神舟新梦系列给用户一种清爽的感觉，十分协调。而组装机能够选择的套装就非常少，整体看来也不是十分协调。在功能上，品牌机的表现较为突出，有的配有：一键恢复、加密保护、键盘超频等功能，使用起来十分方便。组装机要实现起来就很困难。不过，市场上有个性的套装也出现了不少，功能也很多，大家平时可以留意一下。

（2）售后服务

品牌机一般有免费售后服务和技术服务热线，对于用户来说，为与厂商联系沟通提供了便利条件。联想、神舟等品牌还提供全国联保。相比之下，组装机只能在销售商处进行有限保修，并且时有推三阻四现象发生。不过在市场激烈竞争下，组装机的售后服务也有

77

了很大提高,但相对于品牌机的三年主件保修来说,组装机的保修时间还是短了一些。

(3) 硬盘 & 内存

在相同价位下,品牌机的硬盘容量与内存容量较组装机少很多,大致是组装机的一半。而且品牌机的硬盘在未标明情况下,大都是 5 400 转的,严重地影响了系统性能的发挥。对于集成显卡的机器还要借用主内存,这样的电脑性能是可想而知的。所以不论是品牌机还是组装机推荐购买独立显卡的主机,如果预算不够,则购买带 AGP 插槽的可升级显卡的机型。组装机的硬盘与内存可以视用户的预算多少,随意定制。

(4) 显卡 & 主板

显卡是品牌机的一大"硬伤"。厂商为了追求最大利润,往往在显卡上下工夫。如 4 000 元左右的 P4 机型,品牌机多数为集成显卡,而兼容机甚至可以配出 REDON 9600PRO128M 显卡。它们之间的并差异可以说一个是天上,一个是地下。在 DX9 游戏大行其道的年代,有的品牌机也有使用 GF5200 支持 DX9 的显卡,可是多数竟是 64 位显存的畸形显卡,它的速度又能比 GF2MX400 快多少呢?"菜鸟"很难用肉眼分别出 128 位与 64 位显存带宽的显卡。主板也是品牌机不可忽视的问题,为了降低成本,品牌机厂商会使用如 VIA、SIS 等芯片的主板,此类主板和 Inter 芯片主板相比,性能差异自不必说,可是兼容性却差了很多,购买品牌机时用户应注意一下主板,尽量买 Inter 芯片的主板 (AMD 机型除外)。

(5) 显示器、机箱会使、光驱、键鼠等

使用带宽高的显示器会使眼睛更舒服些。以前 5 000 元价位以下的 P4 机型,多数品牌机只配 52xcD-ROM,少数配 DVD 光驱。在当今互联网发达、信息量大的社会,使用 DVD 刻录数据还是十分必要的。机箱、键鼠可比性差,这里就不一一分析了。

(6) 总结

如果用户在预算充足的情况下,购买一台高配置的品牌机是最好不过的了,毕竟品牌机在产品质量、兼容性、售后服务、外观与功能方面都胜组装机一筹。当用户预算不足又十分在意机器性能的情况下,买一台组装机也不失为明智的选择。

3. 买组装机的用户多还是买品牌机的用户多

目前组装机市场占有率较高,就当前来说,组装机占 80%以上的市场份额,也存在地区差异的问题。有的地区的用户认为品牌机好;有的地区的用户认为品牌机或组装机只是外壳不一样,觉得组装机可以自己搭配得更合理。

任何的品牌机都是没有性价比可言的,由于品牌机属于批量组装,销量比较呆滞,市场占有率呈迅速下滑趋势,由于销量赶不上计划,经销商会有大量的库存货。品牌机的销售环节每一层都有较高的利润,不像配件市场价格透明化(一台品牌机的利润大概是组装机的 5～7 倍)。考虑成本问题,这些库存机的价格居高不下,物没所值。这也是组装机占有市场份额较高的部分原因。

 **活动 4** 配置几款典型的计算机

1. 四核独显 3A 游戏娱乐电脑

配件名称	配件型号
处理器	AMD 速龙 IIX4650（散）
散热器	九州风神冰凌 MINI 旗舰版
主板	映泰 A870
显卡	XFX 讯景 HD-577X-YMF 黄金版
内存	威刚万紫千红 2 GB DDR3-1333 内存
硬盘	希捷 7200.121TB（SATA3.0）
显示器	AOCF22S
光驱	三星 TS-H662A 刻录机
机箱	酷冷至尊霹雳战神
电源	超频三 X4 热管版
键鼠装	雷柏 N1800 有线键鼠套装

电脑硬件点评：

AMD 速龙 IIX4650 具备完美的四个核心，频率高达 3.2 GHz，性能较之 AMD 速龙三核处理器有较大幅度的提升，对比 AMD640 主频也更高，性价比比较高。

显卡方面，XFX 讯景 HD-577X-YMF 黄金版显卡（图 1.3 - 36）采用了黑色 PCB 设计和大量的贴片式元件，配备了价格昂贵的钽电容、MLCC 电容、安森美 MOSFET 和 R47 全封闭贴片电感，用料考究，显卡稳定性出众。其 GPU 核心具备 800SP 单元，频率高达 850 MHz/4 800 MHz，可以流畅运行较好的画质影片。

图 1.3 - 36　XFX 讯景 HD-577X-YMF 黄金版显卡

主板方面,映泰 A870 主板(图 1.3 - 37)是一款做工精细的高性价比主板,它基于 AMD 全新的 870+SB850 芯片组,标准 ATX 黑色 PCB 大板设计,采用"3+1"相供电和全固态电容,具备 6 个 SATA3 接口和 4 个内存插槽,具有不错的扩展性。

图 1.3 - 37 映泰 A870 主板

显示器方面,显示器采用 AOCF22S,屏幕大小为 21.5″,采用 CCFL 背光,显示色彩表现能力较强,分辨率高达 1 920×1 080,缺点是只有一个 VGA 接口,优点是其售价不高,性价比高。

电脑配置点评:

整套配置在数据和游戏处理方面速度较快,多任务处理能力较强,同时 HD577X 显卡加上 21.5″液晶组合提供了更好的 3D 游戏视觉效果,在日常应用中足以在普通画质下较为流畅地运行任何大型 3D 游戏。

2. 酷睿 i5 超频高性价比均衡电脑

随着 Intel 新品的即将上市,不少现有的处理器开始出现降价,为新品让路。Intel-SNB 平台逐步进行了价格调整,相比上市之初降价幅度明显。在此针对主流装机用户推荐一款酷睿 i5 独显配置,高性价比 SNB 超频配置,适合追求高性能的学生与游戏用户选用。

配件名称	配件型号
处理器	Intel 酷睿 i52500K(盒)
散热器	九州风神冰凌 400 黑玉至尊
主板	华硕 P8Z68-VLX
显卡	微星 N460GTX 至尊 V51G/OC

配件名称	配件型号
内存	金士顿 DDR3 1600(4GB)骇客神条
硬盘	希捷 Barracuda1TBSATA6Gb/s7200.12
显示器	三星 S22A330BW
光驱	先锋 DVR-219CHV
机箱	鑫谷雷诺塔
电源	ANTECVP450P
键鼠装	罗技 G1 游戏键鼠套装

电脑硬件点评：

电脑配置中的处理器方面，Intel 酷睿 i52500K 基于先进的 SandyBridge 架构，融入了智能缓存技术在内的多种先进技术，无论是技术层面还是基础的架构都非常适合"发烧友"们长期使用的需求。

Intel 酷睿 i52500K 是一款不锁频的处理器，Intel 酷睿 i52500K 原生四核芯，运算能力强劲彪悍，同时在超频能力方面非常优秀。不少的 DIY 玩家仅通过风冷就超频至 5.0 GHz 以上，在新生代的四核处理器当中，性价比不错。

电脑配置中主板方面，华硕 P8Z68-VLX 主板基于 Intel Z68 芯片，支持第二代智能酷睿全系列处理器，支持睿频 2.0 以及外频超频。该主板搭载了华硕独创第二代双智能处理器 EPU 和 TPU。TPU 可以对系统进行智能超频等操作。此外，该主板全面支持了 LucidVirtu 核心显卡切换以及 SRT 智能响应技术。该主板还采用了全固态电容用料，搭载了 6 项处理器供电，使用低电阻 Mosfet 和全封闭铁素体电感用料，保证处理器供电稳定。

图 1.3-38　微星 N460GTX 至尊 V51G/OC 显卡

显卡方面，市面上的微星 N460 GTX 产品的价格已经调整，与 AMD 的 HD6850 展开正面竞争。而对于 HD6850 来说，N460 GTX(图 1.3 - 38)的优势在于进行大幅超频后，性能呈直线式增长。微星 N460 至尊采用大量的军规设计，就是为了显卡长期超频使用时的稳定性，在这点上，购买价值颇高。

电脑配置点评：

作为一套 SNB 超频配置，整套配置尽可能地选用"高性价比"的配置，华硕 P8Z68-VLX 主板＋微星 N460 GTX 显卡，虽谈不上高端豪华，但完全满足酷睿 i52500K 处理器对性能的均衡搭配需求。

3. 酷睿 i5 游戏电脑

Intel 酷睿 i52300 四核处理器是 Intel 今年主打 DIY 市场的畅销货，是中端游戏配置专属 CPU 之一。酷睿 i52300 搭配 P67 主板，另外加上 GTX560Ti 显卡(GTX560TiOC 超频版采用三星 0.4nsGDDR5 显存，组成 1 024/256 bit 显存规格，显卡的默认频率高达 880 MHz/4 100 MHz，远高于公版水平)。让该配置"秒杀"当下任何主流游戏，1TWD 硬盘能够将像《魔兽世界：大灾变》体积高达 20 GB 的"胖子"游戏轻松容纳，该配置满足玩家对游戏的要求，有兴趣的用户可以关注一下。

配件名称	配件型号
CPU	Intel 酷睿 i52300(盒)
散热器	盒装自带
主板	华擎 P67Performance
显卡	Inno3DGTX560TiOC 超频版
内存	金士顿 2GB DDR31333X2
硬盘	WD1TB 7200 转 64M
显示器	戴尔 UltraSharpU2311H
声卡	集成
网卡	集成
机箱	酷冷至尊特警 430
电源	康舒优能 IP-600
键鼠套装	罗技 G1 游戏键鼠套装

Intel 酷睿 i52300 处理器，采用 32 nm 工艺制程，1155 接口，四核四线程设计，四个核心共享 6MB LLC 缓存，主频为 2.80 GHz，支持睿频技术，在开启睿频情况下主频可以根据需求自动调升最高到 3.10 GHz 的频率，其内置核芯显卡 HDGraphics2000(不过此套配置采用独显，核芯显卡将被屏蔽)。

华擎 P67Performance 主板采用了时尚的外观设计，加入了大量的红黑元素，沿袭了Fatal1ty 系列的一贯风格。为了达到良好的散热目的，采用了造型夸张的散热器设计，不惜成本的用料和做工,都是为了用户而生,值得用户选购。

电脑配置点评:

很多用户喜欢选择 H61 来搭配 SNB 平台,这个要视情况而定,不是所有处理器都能与之搭配,笔者认为 P67 是 i5 的最佳组合搭档,处理器与主板是两个主要硬件,Intel 酷睿 i3 搭配 P67 会造成资源浪费。如果 H61 主板与 Intel 酷睿 i5 搭配,则 H61 主板成了短板(Intel 酷睿 i5 成了长板)。配置主流的 560TI 独显,让该配置性能达到均衡,适合游戏用户选购。

4. 高端 i7 独显固态硬盘游戏电脑

高端电脑配置行列一直都是 Intel 配置的天下,这里为用户推荐一款目前十分高端的 Intel 配置,配置选用了高端性价比不错的 i72600K 处理器搭配上其他一些顶尖级别的豪华配件,适合游戏"发烧友",价格当然也不便宜,一般用户不建议选用,毕竟如此性能过剩配置,对于多数用户来说有些没必要。

配件名称	配件型号
处理器	Intel 酷睿 i72600K(盒装)
散热器	超频三南海升级版
主板	华硕 Maximus Ⅳ Extreme 主板
显卡	华硕 EAH6950DCII/2DI4S/2GD5
内存	宇瞻新猎豹 8GBDDR3-1866 内存套装 X2
硬盘	镁光 M464GB 固态硬盘希捷 XT3TB 机械硬盘
显示器	三星 S24A350H
光驱	华硕全能王 DRW-24B3ST 刻录机
机箱	鑫谷雷诺塔 G2
电源	海盗船 HX650W
键鼠装	罗技 G1 游戏键鼠套装

电脑硬件点评:

电脑配置中的处理器方面,酷睿 i72600K 是新一代 SandyBridge 酷睿系列产品中的最高端 CPU。它基于 32 nm 制程工艺,SandyBridge 架构设计,LGA1155 接口,四核心,支持超线程技术,最多可实现八个线程。处理器默认主频 3.40 GHz,外频 100 MHz,倍频 34 X,支持睿频加速 2.0 技术,在开启睿频的情况下主频最高可提升至 3.80 GHz。四核心共享 8 MB 高速三级缓存,支持双通道 DDR3 内存,融合 HDGraphics3000 核芯显卡,采用不锁倍频设计。

电脑配置中的主板方面,华硕 Maximas Ⅳ Extreme 主板(图 1.3 - 39),该主板基于 IntelP67 单芯片设计,拥有 10 相处理器供电,供电部分使用了 NEC 薄膜去耦电容,来实

83

现更稳定的处理器供电,全面满足酷睿 i72600K 处理器的超频需要。并且在主板 CPU 供电部位和主板芯片组部位搭配 ROG 独有的热管散热系统,可以将超频时增加的热量快速散发出去,提高系统的稳定性。该主板隶属于华硕 ROG 系列,使用了最新的 EFIBIOS,主板集成了一颗 NF200 芯片。

图 1.3 – 39 华硕 MaximusIVExtreme 主板

显卡方面,首选的显卡是 HD6950 这一级别显卡。华硕 EAH6950DCII/2DI4S/2GD5 显卡采用了 40 nm 新工艺制程,使用 ATiCaymanPro 显示核心,拥有 1 408 个流处理器组装电脑。它的板型采用了非公版设计,该显卡的整体做工非常优秀。显卡供电采用了核心与显存"4+2"相独立的供电模块,用料上采用了全固态电容,为显卡在高频下使用提供了保障。并且该显卡搭配了热管散热器,提供了良好的散热效果。该显卡使用了 GDDR5 高速显存颗粒,组成了 1 024 MB/256 bit 的显存规格,显卡默认频率为 810 MHz/5 000 MHz。

硬盘选用热门的镁光 M464 GB 固态硬盘,64 GB 全部作为 C 区系统盘。该硬盘的读取速度是传统机械硬盘的 4 倍以上,读取速度在 400 MB/s 以上,写入速度在 100 MB/s左右。此外该硬盘还具有架构牢固、防震防摔、静音、发热量小等特点。

电脑配置点评:

本套配置的旗舰级处理器和 16 GB 超频内存,均拥有强悍的超频能力,默认频率下也能拥有较快的运行速度和强大的多任务处理能力。其显卡能在最为苛刻的画质下轻松流畅地运行任何大型 3D 游戏。其采用速度极快的固态硬盘和高端机械硬盘组合,不但系统运行速度快,并且具有海量存储空间。整套配置预算颇高,适合高端"发烧"游戏超频用户选用。

5. 笔记本电脑 Thinkpad 系列

SL410K 宽屏系列	
2842-A98	T4500(2.3G)/1G250GRambo/14.0LED/无线/4 芯/摄像头/WIN7H/1
2842-KJC	T4500(2.3G)/2G320GRambo/14.0LED/独显 256M/无线/4 芯/摄像头/WIN7H/1
SL510 宽屏系列	
2847-A65	T3500(2.1G)/1G250G15.6LED/Rambo/无线/4 芯/摄像头/DOS
X201T12.1 平板电脑	
0053-A11	I7-620M(2.0G)/2G250G12.1″/无线/4 芯/指纹/蓝牙/摄像头/W7H32/1Yr

85

教学项目二

系统软件、应用软件的安装与使用

模块 2.1 系统软件的安装与使用

一、项目描述

以 Fdisk 软件、DiskGenius 软件、BIOS 设置程序、Windows 安装软件、各类硬件驱动程序为载体,要求学生在基础实训室学习完成计算机的软件任务,从而培养学生在系统软件方面的安装和设置能力,帮助学生在计算机系统组装与维护岗位就业。

二、教学目标

1. 能在 BIOS 中设置系统启动顺序;
2. 能熟练对硬盘进行分区;
3. 能对硬盘进行格式化;
4. 能熟练安装操作系统;
5. 能熟练安装各种驱动程序;
6. 能正确升级驱动程序及调整设备中的资源冲突。

三、教学资源

1. 计算机组装与维护强化实训室
已组装好的计算机 40 台。
2. 所需软件
(1) Fdisk 软件、低级格式化软件的光盘各 20 张;
(2) Windows 软件安装光盘 20 张;
(3) 含有显卡驱动程序、网卡驱动程序、声卡驱动程序的光盘 20 张。

四、教学组织

1. 3 人一组在计算机组装与维护强化实训室进行理论实践一体化教学;
2. 组内成员互查计算机系统软件安装情况;
3. 对安装中出现的问题,组内讨论原因,提出解决方案;
4. 教师进行指导、归纳、总结。

五、教学任务分解及课时分配

教学阶段	相关知识	活动设计（讲解、示范、组织、指导、安排、操作）	课时
装机前的准备工作	1. 操作系统的功能、安装步骤，驱动程序的功能、安装维护的方法 2. 在 BIOS 中设置系统启动顺序的方法 3. 硬盘分区和格式化的方法	1. 讲解系统程序安装步骤 2. 讲解操作系统的功能 3. 讲解驱动程序功能和出现故障的原因 4. 分组：3 人一组，在教师的指导下边讲边练 5. 教师示范在 BIOS 设置系统启动顺序；指导学生正确设置系统启动顺序 6. 教师示范对硬盘进行分区和格式化；指导学生正确对硬盘进行分区和格式化	2
操作系统的安装	操作系统的安装方法和注意事项	1. 教师示范操作系统的安装方法和步骤 2. 指导学生练习安装 Windows 操作系统	1
驱动程序的安装与维护	1. 驱动程序的安装 2. 对驱动程序进行升级维护	1. 教师示范驱动程序的安装，指导学生正确安装驱动程序 2. 教师示范升级驱动程序以及调整设备的资源冲突的方法；指导学生正确升级驱动程序以及调整设备的资源冲突	2
检查评定	系统软件的安装和设置维护	1. 小组内进行互查是否能正确地安装操作系统和驱动程序，以及对系统程序升级维护；如果不能正确完成以上操作，应分析和找出原因，提出解决方案 2. 教师进行指导、点评和总结	1

六、评价方案

评价指标	评价标准	评价依据	权重	得分
系统设置、硬盘分区和格式化	1. 启动顺序设置、硬盘分区、硬盘格式化三者都正确得 30 分 2. 启动顺序设置、硬盘分区、硬盘格式化三者中只有两项正确得 20 分 3. 启动顺序设置、硬盘分区、硬盘格式化三者中只有一项正确得 10 分 4. 启动顺序设置、硬盘分区、硬盘格式化三者中一项都不正确得 0 分	操作结果	30	
操作系统的安装	操作规范： 1. 能正确安装 3 种不同的操作系统，3 种不同的操作系统的安装都正确，而且能正常使用得 30 分 2. 能正确安装 2 种不同的操作系统，2 种不同的操作系统的安装都正确，而且能正常使用得 20 分 3. 只能正确安装 1 种操作系统，这种操作系统的安装正确，而且能正常使用得 10 分 4. 一种操作系统的安装都不正确得 0 分	操作系统的安装结果	30	

评价指标	评价标准	评价依据	权重	得分
驱动程序的安装与维护	1. 安装的驱动程序能正常使用而且驱动程序升级和维护得很好得30分 2. 安装的驱动程序能正常使用或驱动程序升级和维护得较好得20分 3. 安装的驱动程序能正常使用但驱动程序升级和维护得不正确得10分 4. 安装的驱动程序不能正常使用但驱动程序升级和维护得不正确得0分	驱动程序的安装与维护结果	30	
态度	A. 能自觉爱护计算机部件 B. 不能自觉爱护计算机部件	操作过程	10	

活动 1　对硬盘分区

在使用分区软件之前,用户首先需要了解为什么要给硬盘分区? 分区又有哪几种?

新硬盘相当于一张"白纸",而为了能够更好地使用它,用户要在"白纸"上划分出若干小块,即打上格子。如此一来,用户在"白纸"上写字或作画时,不仅有条有理,而且可以充分利用资源。下面就是对硬盘进行"划分"即"打格子"的操作,也就是通常所说的"硬盘分区"和"调整分区"。

一、分区的基本知识

1. 三种硬盘分区

硬盘分区有三种:主磁盘分区、扩展磁盘分区和逻辑分区。

(1) 一个硬盘主磁盘分区至少有1个,最多4个。扩展磁盘分区可以没有,最多1个。且主磁盘分区＋扩展磁盘分区总共不能超过4个。逻辑分区可以有若干个。

(2) 分出主磁盘分区后,其余的部分可以进行扩展磁盘分区,一般是剩下的部分全部分成扩展磁盘分区,也可以不全分,但是剩下的部分就浪费了。

(3) 扩展磁盘分区不能直接使用,必须分成若干逻辑分区。所有的逻辑分区都是扩展磁盘分区的一部分。

硬盘的容量＝主磁盘分区的容量＋扩展磁盘分区的容量

扩展磁盘分区的容量＝各个逻辑分区的容量之和

(4) 由主磁盘分区和逻辑分区构成的逻辑磁盘称为驱动器(Drive)或卷(Volume)。

(5) 激活的主磁盘分区会成为"引导分区"(或称为"启动分区"),引导分区会被操作系统和主板认定为第一个逻辑磁盘(在 DOS/Windows 中会被识别为"驱动器 C:"或"本地磁盘 C:",即通称的 C 盘)。有关 DOS/Windows 启动的重要文件,如引导记录、boot.

ini、ntldr、ntdetect.com 等,必须放在引导分区中。

(6) DOS/Windows 中无法看到非激活的主磁盘分区和扩展磁盘分区,但 Windows 2000/Vista 等 NT 内核的版本可以在磁盘管理中查看所有的分区。

2. 分区格式

"格式化就相当于在白纸上打上格子",而这些分区格式就如同这"格子"的样式,不同的操作系统打"格子"的方式是不一样的,目前 Windows 所用的分区格式主要有 FAT16、FAT32、NTFS。

FAT32 采用 32 位的文件分配表,使其对磁盘的管理能力大大增强,它是目前使用得最多的分区格式,Windows2000/XP 都支持它。一般情况下,在分区时,建议大家最好将分区都设置为 FAT32 的格式,这样可以获得最大的兼容性。

NTFS 分区格式的优点是安全性和稳定性方面极其出色。

3. 分区原则

不管使用哪种分区软件,用户在给新硬盘上建立分区时都要遵循以下的操作顺序:

(1) 创建主磁盘分区;

(2) 创建扩展磁盘分区;

(3) 创建逻辑分区;

(4) 激活主磁盘分区;

(5) 格式化所有分区(图 2.1 - 1)。

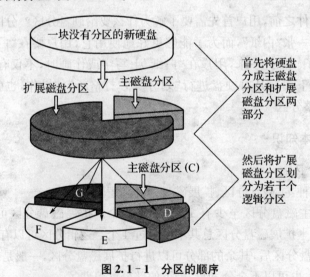

图 2.1 - 1　分区的顺序

二、认识 Fdisk

Fdisk 是一种对硬盘进行分区的软件,进行硬盘分区从实质上说就是对硬盘的一种格式化。当用户创建分区时,就已经设置好了硬盘的各项物理参数,指定了硬盘主引导记录(MBR,Master Boot Record)和引导记录备份的存放位置。而对于文件系统以及其他操作系统管理硬盘所需要的信息则是通过之后的高级格式化,即 Format 命令来实现的。用一个形象的比喻,分区就像是在一张白纸上画一个大方框。而格式化像是在方框里打上格子。安装各种软件就像是在格子里写上字。分区和格式化就相当于为安装软

92

件打基础,实际上它们为电脑在硬盘上存储数据起到标记定位的作用。

对硬盘进行分区、格式化,是每个硬盘都必须经过的步骤。下面就具体讲解一下怎样使用 Fdisk 软件进行硬盘分区。

Fdisk 程序是 DOS 和 Windows 系统自带的分区软件,虽然其功能比不上有些专业分区软件,但用它分区是十分安全的。以下就是具体的操作步骤:首先用户需要利用 U 盘或光盘作启动盘启动计算机,在提示符后输入命令 Fdisk,然后按回车键。就出现如图 2.1-2 所示的 Fdisk 主界面。

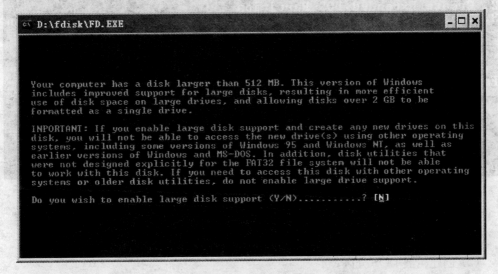

图 2.1-2　Fdisk 主界面

输入"Y"后,出现如图 2.1-3 所示的界面。

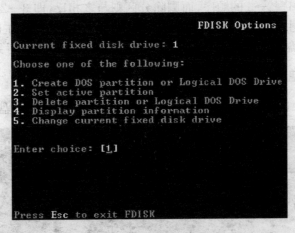

图 2.1-3　Fdisk 选项

图中各项的功能如下:

(1) 创建 DOS 分区或逻辑 DOS 驱动器;

(2) 设置活动分区;

(3) 删除分区或逻辑 DOS 驱动器;

(4) 显示分区信息;

（5）选择当前要操作的驱动器。

选择"1"后按回车键，画面显示如图 2.1-4 所示。

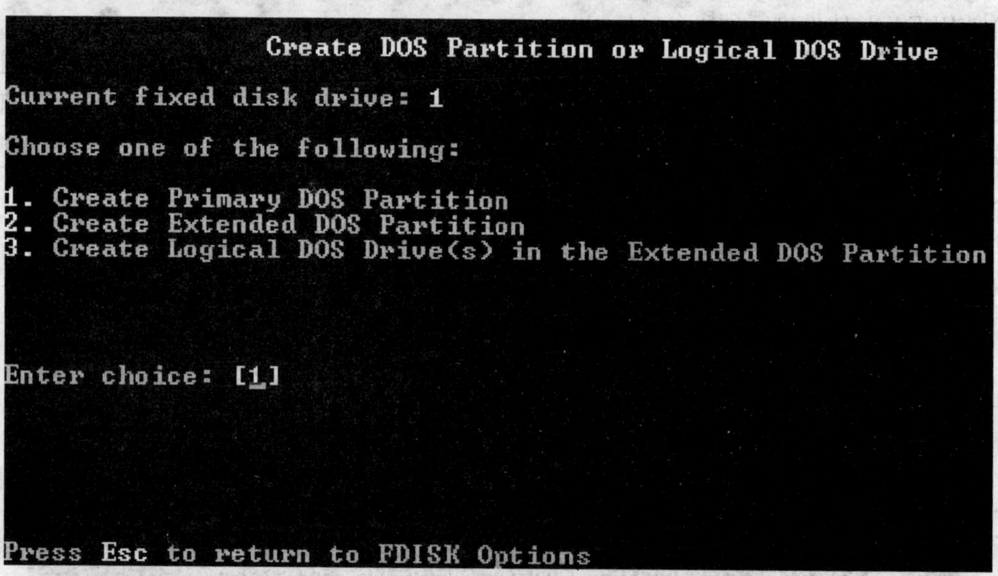

```
                    Create DOS Partition or Logical DOS Drive
Current fixed disk drive: 1

Choose one of the following:

1. Create Primary DOS Partition
2. Create Extended DOS Partition
3. Create Logical DOS Drive(s) in the Extended DOS Partition



Enter choice: [1]




Press Esc to return to FDISK Options
```

图 2.1-4　创建 DOS 分区或逻辑 DOS 驱动器

图中各项的功能如下：

（1）创建主 DOS 分区；

（2）创建扩展 DOS 分区；

（3）在扩展 DOS 分区创建逻辑 DOS 驱动器。

硬盘分区的步骤是先创建主磁盘分区，然后创建扩展磁盘分区，最后是创建逻辑分区。通俗地讲就是 1→2→3 的顺序，而删除分区则与之相反，即 3→2→1 的顺序。一个硬盘可以划分多个主磁盘分区，但一个主磁盘分区就足够使用了。主磁盘分区之外的硬盘空间就是扩展磁盘分区，而逻辑分区是对扩展磁盘分区再行划分得到的。

三、创建主磁盘分区（Primary Partition）

在图 2.1-4 中选择"1"后按回车键确认，Fdisk 程序开始检测硬盘（图 2.1-5）。

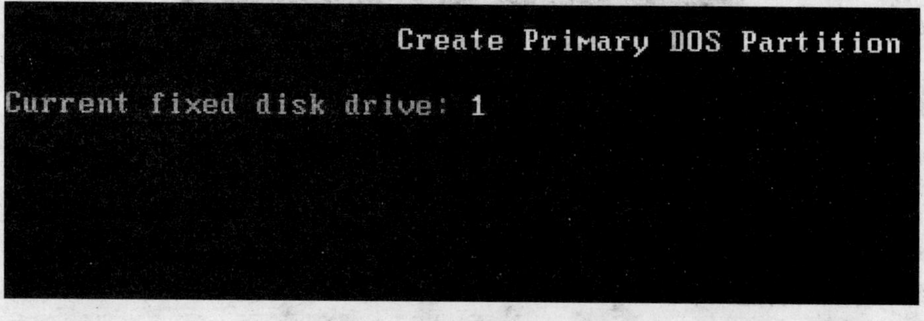

```
                              Create Primary DOS Partition

Current fixed disk drive: 1
```

图 2.1-5　创建主磁盘分区界面

用户是否希望将整个硬盘空间作为主磁盘分区并激活？主磁盘分区一般就是 C 盘，随着硬盘容量的日益增大，很少有用户的硬盘只分一个区，所以输入"N"并按回车键确认，如图 2.1-6 所示。

图 2.1-6　创建主 DOS 分区

95

如图 2.1-7 所示,检测硬盘时显示扫描进度。

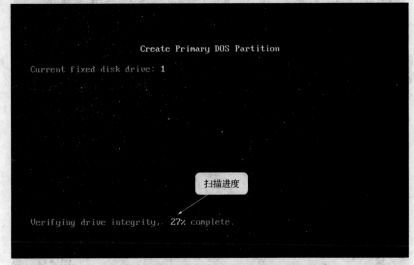

图 2.1-7　继续检测硬盘

要分割成几个分区以及第一个分区所占有的容量,取决于使用者自己的想法,有些用户喜欢将整个硬盘规划单一分区,有些用户则认为分割成几个分区比较利于管理。例如,分割成两个分区,一个储存操作系统文件,另一个储存应用程序文件;或者一个储存操作系统和应用程序档案,另一个储存个人和备份的资料。至于分区所使用的文件系统,则取决于用户要安装的操作系统。一般来说,主磁盘分区由于经常会进行数据的交换,因此容量不宜太小。其他的分区的大小分配则完全取决于个人喜好。

设置主磁盘分区的容量,可直接输入分区大小(以 MB 为单位)或分区所占硬盘容量的百分比(%),按回车键确认(图 2.1-8)。

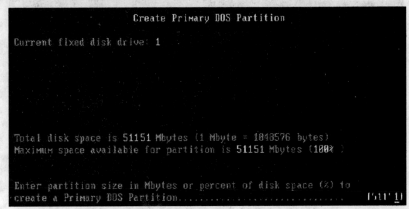

图 2.1-8　输入分区大小或百分比

四、创建扩展磁盘分区(Extended Partition)

返回到 Fdisk 程序主界面,选择"1"继续操作,如图 2.1-9 所示。

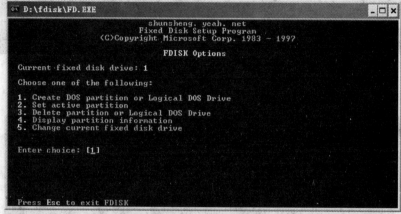

图 2.1-9　Fdisk 主界面选择"1"

接着,选择"2",按回车键,开始创建扩展 DOS 分区(图 2.1-10)。

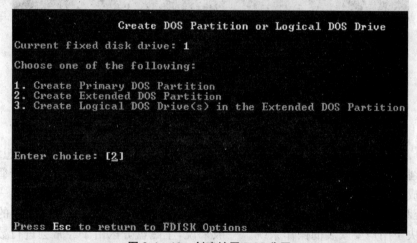

图 2.1-10　创建扩展 DOS 分区

主 DOS 分区、扩展 DOS 分区创建后,如图 2.1-11 所示。

图 2.1-11　主 DOS 分区、扩展 DOS 分区创建后界面

在通常情况下，用户会把除主磁盘分区之外的所有空间划为扩展磁盘分区，直接按回车键即可。当然，如果用户想安装 Windows 之外的操作系统，则可根据需要输入扩展磁盘分区的空间大小或百分比。

扩展磁盘分区创建成功！按"ESC"键继续操作。

五、创建逻辑分区（Logical Drives）

如图 2.1-10 所示，选择"3"，就开始创建逻辑 DOS 驱动器，如图 2.1-12 所示。

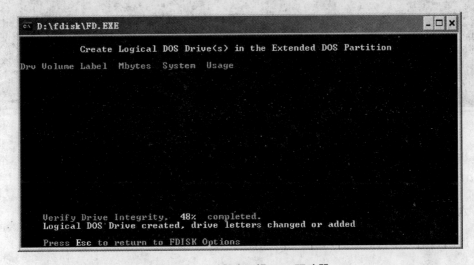

图 2.1-12 创建逻辑 DOS 驱动器

前面提过逻辑分区在扩展磁盘分区中划分，在此输入第一个逻辑分区的大小或百分比，最高不超过扩展磁盘分区的大小（图 2.1-13）。

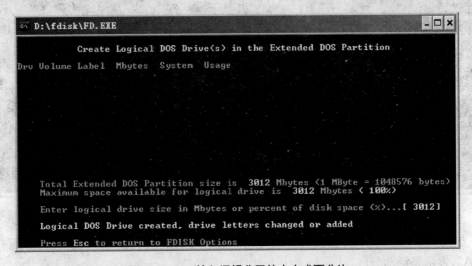

图 2.1-13 输入逻辑分区的大小或百分比

如果用户只想创建一个逻辑分区 D，那么就直接按回车键，这样逻辑分区 D 就已经创建（图 2.1-14）。

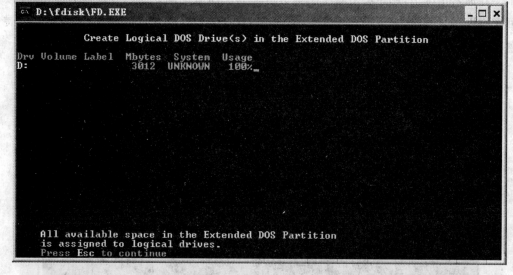

图 2.1-14 只创建一个逻辑分区 D

当然,用户也可以创建多个逻辑分区,只要在图 2.1-13 中的"3012"的位置填一个小于 3012 的数字(大小由用户自己决定)即可。

六、设置活动分区(Set Active Partition)

返回到主菜单,选择"2",如图 2.1-15 所示。

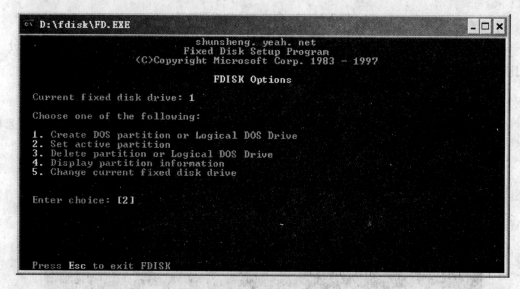

图 2.1-15 Fdisk 主界面选择"2"

如图 2.1-16 所示,开始设置活动分区,从图中可以看到,"Status(状态)"下面有一个"A",表示是活动分区。

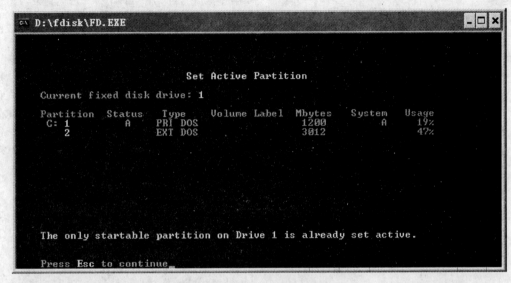

图 2.1 - 16　设置活动分区

七、注意事项

必须重新启动计算机,这样分区才能够生效;重启后必须格式化硬盘的每个分区,这样分区才能够使用。

八、删除分区

如果是使用过(已经分过区)的硬盘重新分区,那么首先要删除原有的旧分区! 只有在删除原有的旧分区之后,才能重新分区,下面就介绍如何删除原有的旧分区。

在 Fdisk 主菜单中选"3"后按回车键(图 2.1 - 17)。

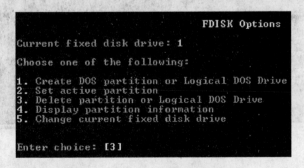

图 2.1 - 17　Fdisk 主界面选择"3"

删除分区的顺序与创建分区的顺序正好相反,是从下往上,即 4→3→2→1 的顺序,也就是"4. 删除非 DOS 分区"→"3. 删除逻辑 DOS 驱动器"→"2. 删除扩展磁盘分区"→"1. 删除主磁盘分区"。

注意:除非用户安装了非 Windows 的操作系统,否则一般不会产生非 DOS 分区。所以在此先选"3",如图 2.1 - 18 所示。

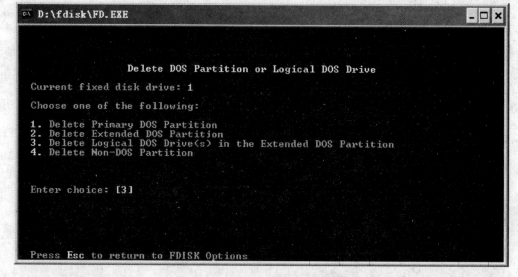

图 2.1 - 18 删除逻辑 DOS 驱动器

输入欲删除的逻辑分区盘符,按回车键确定,如图 2.1 - 19 所示。

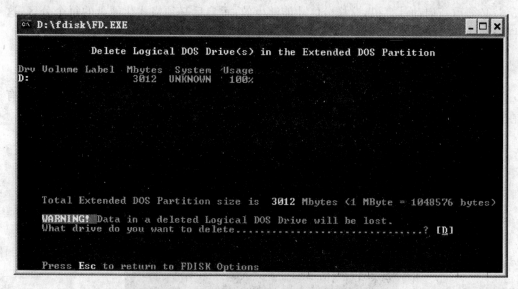

图 2.1 - 19 输入欲删除的逻辑分区盘符

输入该分区的卷标(Volume Label),如果没有就不需输入。输入"Y"确认删除,如图 2.1 - 20 所示。

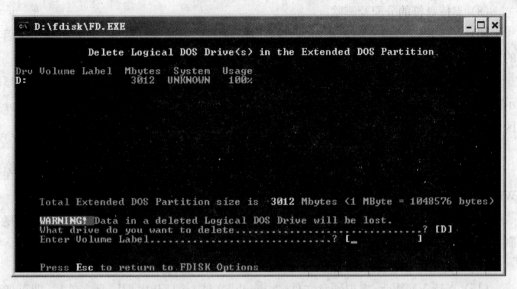

图 2.1－20　输入该分区的卷标

 认识 DiskGenius

DiskGenius 是一款硬盘分区软件及硬盘数据恢复软件。它是在最初的 DOS 版的 DiskMan 基础上开发而成的。Windows 版本的 DiskGenius 软件，除了继承并增强了 DOS 版的大部分功能外(少部分没有实现的功能将会陆续加入)，还增加了许多新的功能。如:已删除文件恢复、分区复制、分区备份、硬盘复制等功能。另外还增加了对 VMWare虚拟硬盘的支持，更多功能正在制作并在不断完善中。

一、DiskGenius 的主要功能及特点

(1) 支持传统的 MBR 分区表格式及较新的 GUID 分区表格式。

(2) 支持基本的分区建立、删除、隐藏等操作。可指定详细的分区参数。

(3) 支持 IDE、SCSI、SATA 等各种类型的硬盘。支持 U 盘、USB 硬盘、存储卡(闪存卡)。

(4) 支持 FAT12，FAT16，FAT32，NTFS 文件系统。

(5) DiskGenius 支持 EXT2/EXT3 文件系统的文件读取操作。支持 Linux LVM2 磁盘管理方式。

(6) 可以快速格式化 FAT12，FAT16，FAT32，NTFS 分区。格式化时可设定簇大小、支持 NTFS 文件系统的压缩属性。

(7) 可浏览包括隐藏分区在内的任意分区内的任意文件，包括通过正常方法不能访问的文件。可通过直接读写磁盘扇区的方式读写文件、强制删除文件。

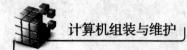

（8）支持盘符的分配及删除。

（9）支持 FAT12、FAT16、FAT32、NTFS 分区的已删除文件恢复，分区误格式化后的文件恢复，并且成功率较高。

（10）DiskGenius 增强的已丢失分区恢复（重建分区表）功能，恢复过程中，可即时显示搜索到的分区参数及分区内的文件。搜索完成后，可在不保存分区表的情况下恢复分区内的文件。

102

（11）提供分区表的备份与恢复功能。

（12）可将整个分区备份到一个镜像文件中，可在必要时（如分区损坏）恢复。支持在 Windows 运行状态下备份系统盘。

（13）支持分区复制操作。并提供"全部复制""按结构复制""按文件复制"等三种复制方式，以满足不同需求。

（14）支持硬盘复制功能。同样提供与分区复制相同的三种复制方式。

（15）支持 VMWare 虚拟硬盘文件（". vmdk"文件）。打开虚拟硬盘文件后，即可像操作普通硬盘一样操作虚拟硬盘。

（16）可在不启动 VMWare 虚拟机的情况下从虚拟硬盘上复制文件，恢复虚拟硬盘内的已删除文件（包括格式化后的文件恢复），向虚拟硬盘复制文件等。

（17）DiskGenius 支持". img"". ima"磁盘及分区映象文件的制作及读写操作。

（18）支持 USB-FDD、USB-ZIP 模式启动盘的制作及其文件操作功能。

（19）支持磁盘坏道检测与修复功能。

二、DiskGenius 的更新日志

（1）增加清除磁盘、分区扇区数据的功能。可指定清除范围及填充方式。

（2）增加彻底删除文件（文件粉碎）的功能，可清除目录项，让文件彻底无法恢复。

（3）支持 SamsungRFSFilesystem 分区格式的文件读取。

（4）恢复文件后，显示过滤面板，可按文件名、属性、大小、时间过滤。

（5）恢复文件功能，加快最后阶段整理文件的速度。

（6）复制文件时支持建立特殊名称的文件夹。

（7）为 DOS 版添加"显示系统文件"的菜单项。

（8）纠正快速分区功能，取消时没有退出，仍然会继续格式化其余分区的问题。

（9）纠正程序退出时有时出现崩溃的 BUG。

（10）纠正不能正常显示 FDD 形式的 USB 磁盘的 BUG。

（11）纠正快速分区功能，点击"重置分区大小"按钮后分区类型也被重置的问题。

（12）纠正某些情况下修复坏道失败的问题。

（13）纠正向分区写文件，再刷新分区后文件消失的 BUG。

（14）纠正未格式化的分区不显示盘符的 BUG。

（15）纠正在恢复 FAT 分区中的文件时，有时文件不完整或数据不对的问题。

 设置基本输出输出系统 BIOS

一、认识 BIOS

103

基本输入输出系统（BIOS,Basic Input Output System），它的全称应该是 ROM—BIOS,意思是只读存储器基本输入输出系统。其实，它是一组固化到计算机内主板上一个 ROM 芯片上的程序，它保存着计算机最重要的基本输入输出的程序、系统设置信息、开机通电自检程序和系统启动自检程序。其主要功能是为计算机提供最底层、最直接的硬件设置和控制。

二、BIOS 与 CMOS 的区别

CMOS(Comple Mentarymetel-OxIDE Semiconductor)是互补金属氧化物半导体的缩写。其本意是指制造大规模集成电路芯片用的一种技术或用这种技术制造出来的芯片。在这里通常是指电脑主板上的一块可读写的 RAM 芯片。它存储了电脑系统的实时信息和硬件配置信息等。系统在加电引导机器时，要读取 CMOS 信息，用来初始化机器各个部件的状态。它靠系统电源和后备电池来供电，系统断电后其信息不会丢失。

由于 CMOS 与 BIOS 都与电脑系统设置密切相关，所以才有 CMOS 设置和 BIOS 设置的说法。也正因此，初学者常将二者混淆。CMOS-RAM 是系统参数存放的地方，而 BIOS 中系统设置程序是完成参数设置的手段。因此，准确的说法应是通过 BIOS 设置程序对 CMOS 参数进行设置。而用户平常所说的 CMOS 设置和 BIOS 设置是其简化说法，也就在一定程度上造成了两个概念的混淆。

事实上，BIOS 程序就是储存在 CMOS 存储器中的，CMOS 是一种半导体技术，可以将成对的金属氧化物半导体场效应晶体管(MOSFET)集成在一块硅片上。该技术通常用于生产 RAM 和交换应用系统，用它生产出来的产品速度很快且功耗极低，而且对供电电源的干扰有较高的容限。具体到用户这是指电脑主板上一块特殊的 RAM 芯片，这一小块 RAM 大小通常为 128 KB 或 256 KB,不过现在随着计算机技术的发展，这块 RAM 的容量也越来越大，目前很多主板都采用 2 M 甚至 4 M 的存储器。当然，CMOS-RAM 的作用是保存系统的硬件配置和用户对某些参数的设定。

如果用户还没有理解的话，那么最简单的说法为，BIOS 是一套程序，可以理解成软件，而 CMOS 才是一颗存储芯片。

在用户计算机上使用的 BIOS 程序根据制造厂商的不同分为：AWARDBIOS 程序、AMIBIOS 程序、PHOENIXBIOS 程序以及其他的免跳线 BIOS 程序和品牌机特有的 BIOS 程序,如 IBM 等。

三、认识 CMOS 主界面

开启计算机或重新启动计算机后，在屏幕显示"Waiting……"时,按下"Delete"键就

可以进入 CMOS 的设置界面(图 2.1-21)。要注意的是,如果没有及时点击"Delete"键,计算机将会启动系统,这时只有重新启动计算机了。用户可在开机后立刻按住"Delete"键直到进入 CMOS 界面。进入界面后,用户可以用方向键移动光标选择 CMOS 设置界面上的选项,然后按"Enter"键进入副选单,用"Esc"键来返回主菜单,用"Pageup"和"PageDown"键来选择具体选项,按"F10"键保留并退出 BIOS 设置。

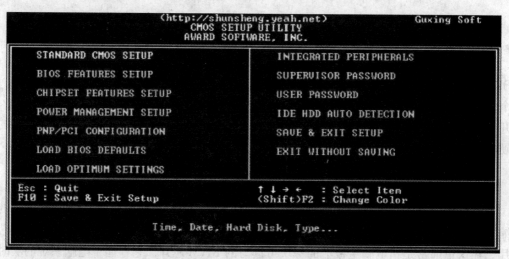

图 2.1-21 CMOS 主界面

CMOS 主界面各项功能介绍:

(1) STANDARD CMOS SETUP(标准 CMOS 设定)

用来设定日期、时间、硬盘规格、工作类型以及显示器类型。

(2) BIOS FEATURES SETUP(BIOS 功能设定)

用来设定 BIOS 的特殊功能,例如病毒警告、开机磁盘优先程序等。

(3) CHIPSET FEATURES SETUP(芯片组特性设定)

用来设定 CPU 工作相关参数。

(4) POWER MANAGEMENT SETUP(省电功能设定)

用来设定 CPU、硬盘、显示器等设备的省电功能。

(5) PNP/PCI CONFIGURATION(即插即用设备与 PCI 组态设定)

用来设置 ISA 以及其他即插即用设备的中断以及其他参数。

(6) LOAD BIOS DEFAULTS(载入 BIOS 预设值)

此选项用来载入 BIOS 初始设置值。

(7) LOAD OPTIMUM SETTINGS(载入主板 BIOS 出厂设置)

这是 BIOS 的最基本设置,用来确定故障范围。

(8) INTEGRATED PERIPHERALS(内建整合设备周边设定)

主板整合设备设定。

(9) SUPERVISOR PASSWORD(管理者密码)

计算机管理员设置进入 BIOS 修改设置密码。

(10) USER PASSWORD(用户密码)

设置开机密码。

（11）IDE HDD AUTO DETECTION（自动检测 IDE 硬盘类型）

用来自动检测硬盘容量、类型。

（12）SAVE & EXIT SETUP（储存并退出设置）

保存已经更改的设置并退出 BIOS 设置。

（13）EXIT WITHOUT SAVING（沿用原有设置并退出 BIOS 设置）

不保存已经修改的设置，并退出设置。

105

四、设定标准 CMOS（图 2.1 - 22）

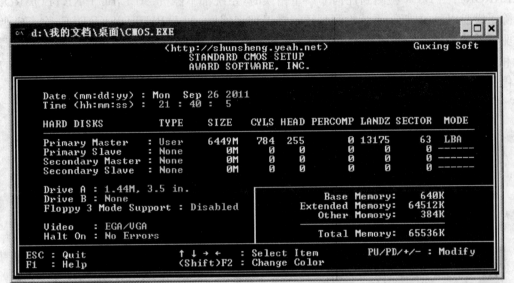

图 2.1 - 22　STANDARD CMOS SETUP（标准 CMOS 设定）界面

标准 CMOS 设定中包括了 Date 和 Time 设定，用户可以在这里设定自己计算机上的时间和日期。

下面是硬盘情况设置，列表中存在 Primary Master 第一组 IDE 主设备，Primary Slave 第一组 IDE 从设备；Secondary Master 第二组 IDE 主设备，Secondary Slave 第二组 IDE 从设备。这里的 IDE 设备包括了 IDE 硬盘和 IDE 光驱，第一、二组设备是指主板上的第一、二根 IDE 数据线，一般来说靠近芯片的是第一组 IDE 设备，而主设备、从设备是指在一条 IDE 数据线上接的两个设备，每根数据线上可以接两个不同的设备，主、从设备可以通过硬盘或者光驱的后部跳线来调整。

后面是 IDE 设备的类型和硬件参数，TYPE 用来说明硬盘设备的类型，用户可以选择 Auto、User、None 的工作模式，Auto 是由系统自己检测硬盘类型，在系统中存储了 1～45 类硬盘参数，在使用该设置值时不必再设置其他参数；如果用户使用的硬盘是预定义以外的，那么就应该设置硬盘类型为 User，然后输入硬盘的实际参数（这些参数一般在硬盘的表面标签上）；如果没有安装 IDE 设备，用户可以选择 None 参数，这样可以加快系统的启动速度，在一些特殊操作中，用户也可以通过这样来屏蔽系统对某些硬盘的自动检查。

SIZE 表示硬盘的容量；CYLS 表示硬盘的柱面数；HEAD 表示硬盘的磁头数；PER-COMP 表示写预补偿值；LANDZ 表示着陆区，即磁头起停扇区。最后的 MODE 是硬件的工作模式,用户可以选择的工作模式有:NORMAL 普通模式、LBA 逻辑块地址模式、LARGE 大硬盘模式、AUTO 自动选择模式。NORMAL 模式是原有的 IDE 方式,在此方式下访问硬盘 BIOS 和 IDE 控制器对参数不作任何转换,支持的最大容量为 528 MB; LBA 模式所管理的最大硬盘容量为 8.4 GB;LARGE 模式支持的最大容量为 1 GB;AU-TO 模式是由系统自动选择硬盘的工作模式。

Video 是用来设置显示器工作模式的,也就是 EGA/VGA 工作模式。

Halt On 这是错误停止设定,ALL ERRORS BIOS:检测到任何错误时将停机;NO ERRORS:当 BIOS 检测到任何非严重错误时,系统都不停机;ALL BUT KEYBOARD:除了键盘以外的错误,系统检测到任何错误都将停机;ALL BUT DISKETTE:除了磁盘驱动器的错误,系统检测到任何错误都将停机;ALL BUT DISK/KEY:除了磁盘驱动器和键盘外的错误,系统检测到任何错误都将停机。这里是用来设置系统自检遇到错误的停机模式,如果发生以上错误,那么系统将会停止启动,并给出错误提示。

用户可以注意到图 2.1 - 22 右下方还有系统内存的参数:

Base Memory:基本内存;

Extended Memory:扩展内存;

Other Memory:其他内存;

Total Memory:全部内存。

五、设定 BIOS 功能(图 2.1 - 23)

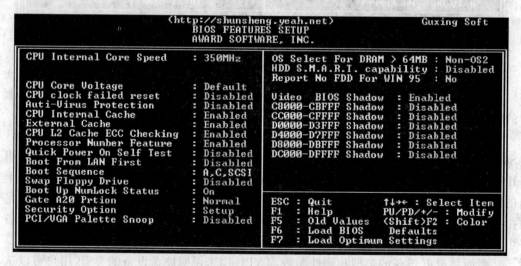

图 2.1 - 23　设定 BIOS 功能界面

BIOS 设定的各项功能介绍:

(1) Enabled 是开启,Disabled 是禁用,使用"PAGE UP"键或"PAGE DOWN"键可以在这两者之间进行切换。

(2) CPU Internal Core Speed:CPU 当前的运行速度。

(3) CPU Internal Cache/External Cache:CPU 内、外 Cache。

(4) CPU L2 Cache ECC Checking:CPU 第二级缓存快速存取记忆体错误检修。

(5) Quick Power On Self Test:快速开机自我检测,此选项可以调整某些计算机自检时检测内存容量三次的自检步骤。

(6) Boot From LAN First：网络开机功能，此选项可以远程唤醒计算机。

(7) Boot Sequence：开机优先顺序。

(8) Boot Up NumLock Status：开机时小键盘区情况设定。

(9) Security Option：检测密码方式，如设定为 Setup，则每次打开机器时屏幕均会提示输入口令（普通用户口令或超级用户口令，普通用户无权修改 BIOS 设置），不知道口令则无法使用机器；如设定为 System，则只有在用户想进入 BIOS 设置时才提示用户输入超级用户口令。

(10) PCI/VGA Palette Snoop：颜色校正。

六、设定芯片组特性界面和设定省电功能界面（图 2.1 - 24、图 2.1 - 25）

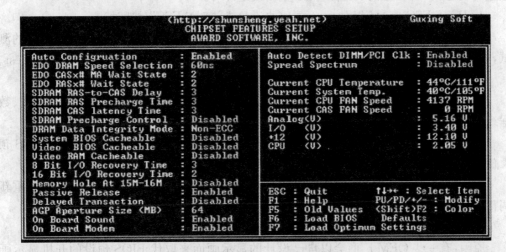

图 2.1 - 24　设定芯片组特性界面

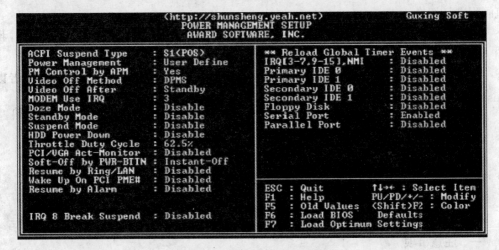

图 2.1 - 25　设定省电功能界面

七、BIOS 常见错误信息和解决方法

1. CMOS battery failed（CMOS 电池失效）

原因：说明 CMOS 电池的电力已经不足，请更换新的电池。

2. CMOS check sum error-Defaults loaded（CMOS 执行全部检查时发现错误，因此载入预设的系统设定值）

原因：通常发生这种状况都是因为电池电力不足所造成，所以不妨先换个电池试试看。如果问题依然存在的话，那就说明 CMOS-RAM 可能有问题，最好送回原厂处理。

3. Display switch is set incorrectly（显示形状开关配置错误）

原因：较旧型的主板上有跳线可设定显示器为单色或彩色，而这个错误提示表示主板上的设定和 BIOS 里的设定不一致，重新设定即可。

4. Press ESC to skip memory test（内存检查，可按"ESC"键跳过）

原因：如果在 BIOS 内并没有设定快速加电自检的话，那么开机就会执行内存的测试，如果用户不想等待，可按"ESC"键跳过或到 BIOS 内开启 Quick Power On Self Test。

5. Secondary Slavehard fail（检测从盘失败）

原因：①CMOS 设置不当（例如没有从盘但在 CMOS 里设有从盘）；②硬盘的线、数据线可能未接好或者硬盘跳线设置不当。

6. Override enable-Defaults loaded（当前 CMOS 设定无法启动系统，载入 BIOS 预设值以启动系统）

原因：可能是用户在 BIOS 内的设定并不适合用户的电脑，这时进入 BIOS 设定重新调整即可。

7. Press TAB to show POST screen（按"TAB"键可以切换屏幕显示）

原因：有一些 OEM 厂商会以自己设计的显示画面来取代 BIOS 预设的开机显示画面，而此提示就是要告诉使用者可以按"TAB"键将厂商的自定义画面和 BIOS 预设的开机画面进行切换。

8. Resuming from disk，Press TAB to show POST screen（从硬盘恢复开机，按"TAB"键显示开机自检画面）

原因：某些主板的 BIOS 提供了 Suspend to disk（挂起到硬盘）的功能，当使用者以 Suspend to disk 的方式来关机时，那么在下次开机时就会显示此提示消息。

活动 **4** 安装 Windows XP

一、注意事项

（1）开机按"Delete"键或"F2"键进入 BIOS 设置（不同主板按键不一样，一般是"Delete"键，也可能是"F2"键，可以参考主板说明），将计算机的启动模式设定为光盘启动。

（2）系统安装前一定要在 BIOS 下将光驱设置为第一启动项，台式机进入 BIOS 按

"Delete"键,当然,很多笔记本、品牌机有快捷键可以选择从光驱或 U 盘启动(快捷键可能是"F12"等)。

(3) 如 Ghost 盘等无法安装,可能是硬盘模式设置问题,现在很多笔记本的硬盘模式多默认为 AHCI,可以在 BIOS 下将其改为 IDE 模式。

(4) 如果需要升级到 Windows 7,可以在 Windows XP 下直接安装,如果安装在 C 盘,Windows XP 系统会被取代,如将 Windows 7 安装到其他分区,可以完整保留 Windows XP 系统,实现双系统。

109

二、准备安装 Windows XP

在安装 Windows XP 之前,需要进行一些相关的设置,BIOS 启动项的调整,硬盘分区的调整以及格式化等。正所谓"磨刀不误砍柴工"。正确、恰当地调整这些设置将为顺利安装系统,乃至日后方便地使用系统打下良好的基础。

在安装系统之前首先需要在 BIOS 中将光驱设置为第一启动项。进入 BIOS 的方法随 BIOS 不同而不同,一般来说有在开机自检通过后按"Delete"键或者是"F2"键等。进入 BIOS 以后,找到"Boot"项目,然后在列表中将第一启动项设置为"CD-ROM"即可(图2.1-26)。不同品牌的 BIOS 设置有所不同,详细内容请参考主板说明书。

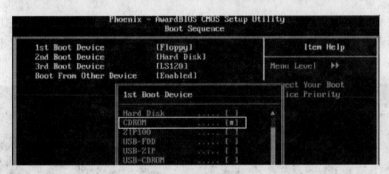

图 2.1-26　第一启动项设置为"CD-ROM"

在 BIOS 将"CD-ROM"设置为第一启动项,重启电脑之后就会发现如下所示的"boot from CD"提示符。这个时候按任意键即可从光驱启动系统。

Press any key to boot from CD.._

三、开始安装 Windows XP

1. 选择系统安装分区

从光驱启动系统后,就会看到如图 2.1-27 所示的 Windows XP 安装欢迎页面。根据屏幕提示,按下"Enter"键来继续进入下一步安装进程。

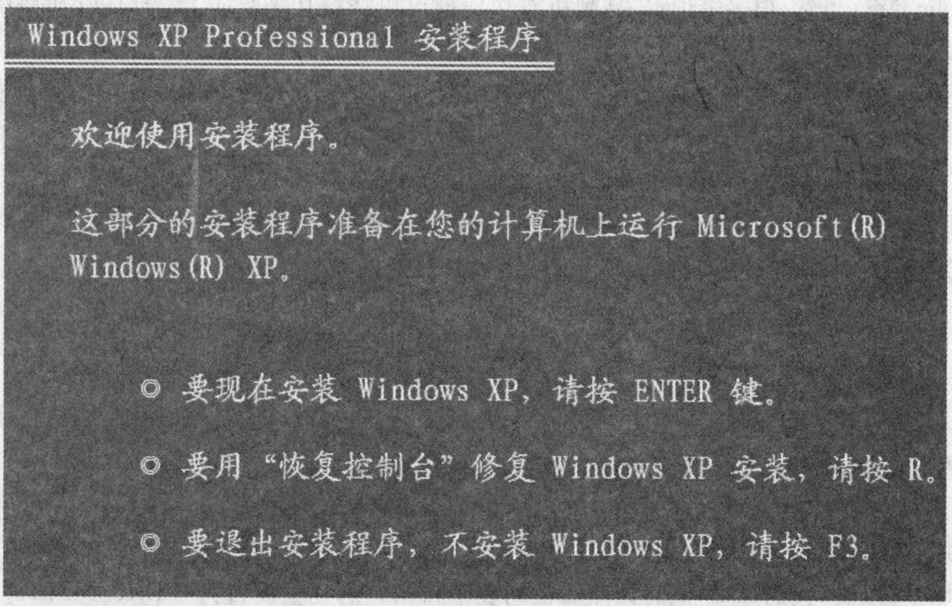

Windows XP Professional 安装程序

欢迎使用安装程序。

这部分的安装程序准备在您的计算机上运行 Microsoft(R) Windows(R) XP。

- ◎ 要现在安装 Windows XP，请按 ENTER 键。

- ◎ 要用"恢复控制台"修复 Windows XP 安装，请按 R。

- ◎ 要退出安装程序，不安装 Windows XP，请按 F3。

图 2.1－27　Windows XP 安装欢迎页面

接着会看到 Windows 的用户许可协议页面。当然，这是由 Windows 所拟定的，普通用户无法修改。如果要继续安装 Windows XP，就必须按"F8"键同意此协议来继续安装（图 2.1－28）。

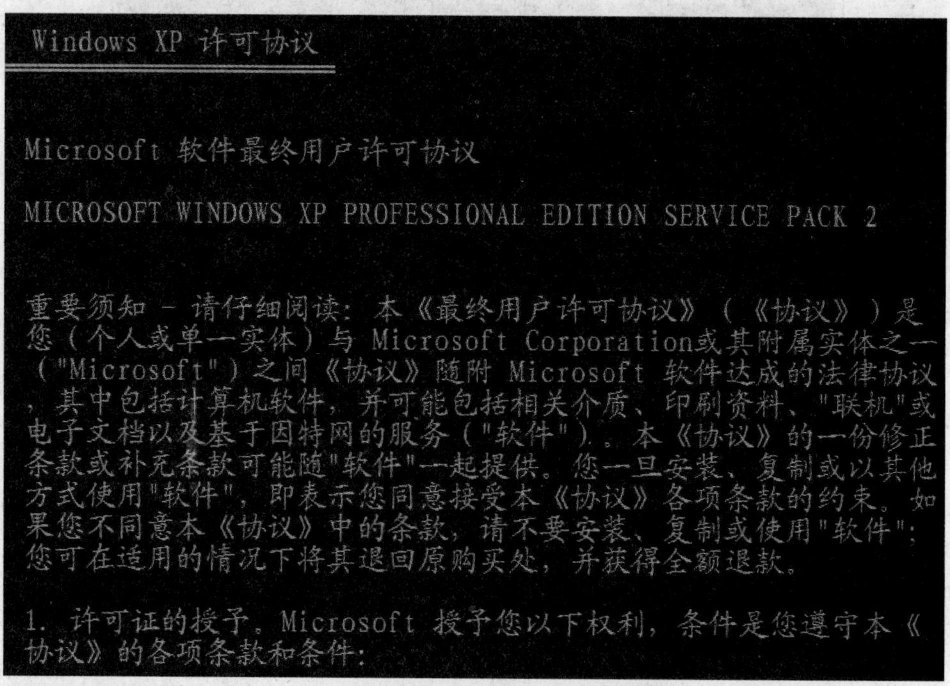

Windows XP 许可协议

Microsoft 软件最终用户许可协议

MICROSOFT WINDOWS XP PROFESSIONAL EDITION SERVICE PACK 2

重要须知 – 请仔细阅读：本《最终用户许可协议》（《协议》）是您（个人或单一实体）与 Microsoft Corporation或其附属实体之一（"Microsoft"）之间《协议》随附 Microsoft 软件达成的法律协议，其中包括计算机软件，并可能包括相关介质、印刷资料、"联机"或电子文档以及基于因特网的服务（"软件"）。本《协议》的一份修正条款或补充条款可能随"软件"一起提供。您一旦安装、复制或以其他方式使用"软件"，即表示您同意接受本《协议》各项条款的约束。如果您不同意本《协议》中的条款，请不要安装、复制或使用"软件"；您可在适用的情况下将其退回原购买处，并获得全额退款。

1. 许可证的授予。Microsoft 授予您以下权利，条件是您遵守本《协议》的各项条款和条件：

图 2.1－28　Windows XP 的用户许可协议

现在进入实质性的 XP 安装过程了(图 2.1-29)。新买的硬盘还没有进行分区,所以首先要进行分区。按"C"键进入硬盘分区划分的页面。如果硬盘已经分区完成的话,那就不用再进行分区了。

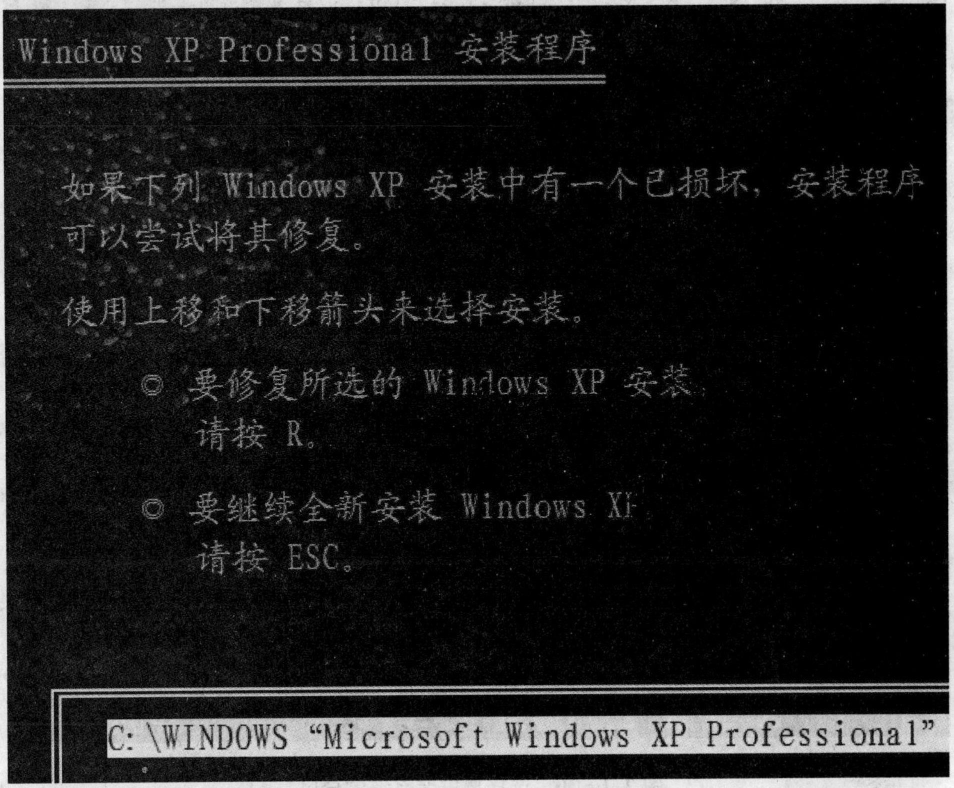

Windows XP Professional 安装程序

如果下列 Windows XP 安装中有一个已损坏,安装程序可以尝试将其修复。

使用上移和下移箭头来选择安装。

◎　要修复所选的 Windows XP 安装,
　　请按 R。

◎　要继续全新安装 Windows XP,
　　请按 ESC。

C:\WINDOWS "Microsoft Windows XP Professional"

图 2.1-29　Windows XP 的安装程序

　　分区结束后,用户就可以选择要安装系统的分区了。选择好某个分区以后,按"Enter"键即可进入下一步(图 2.1-30)。

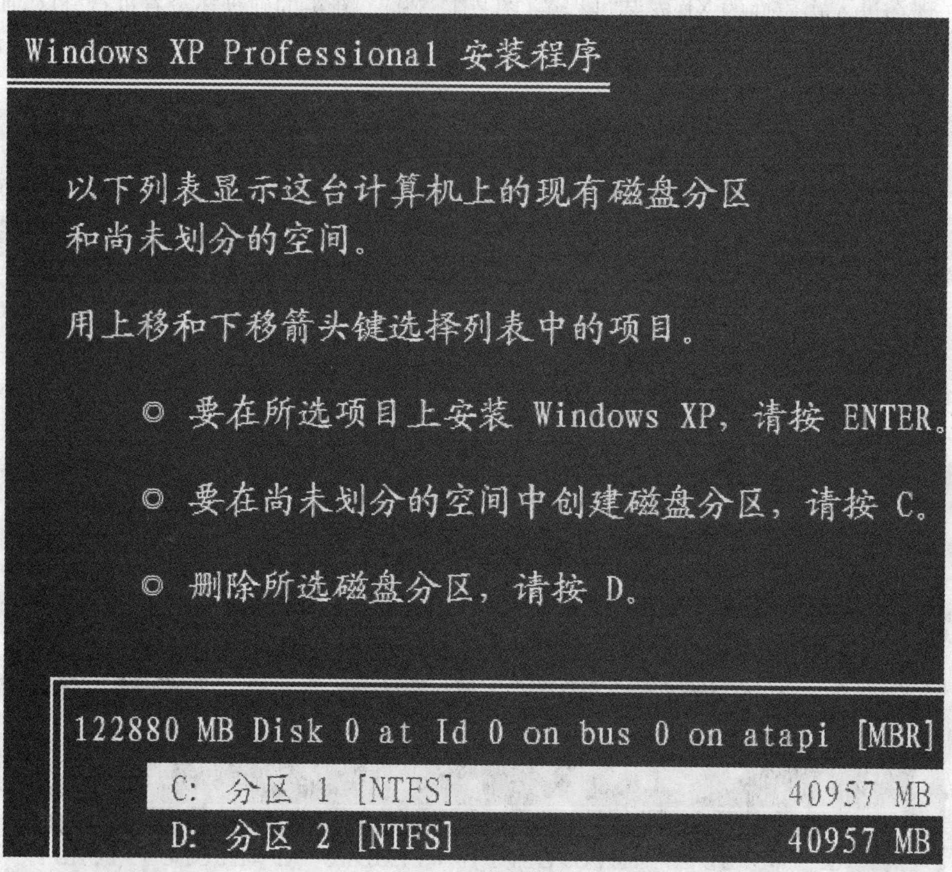

```
Windows XP Professional 安装程序

以下列表显示这台计算机上的现有磁盘分区
和尚未划分的空间。

用上移和下移箭头键选择列表中的项目。

◎ 要在所选项目上安装 Windows XP，请按 ENTER。

◎ 要在尚未划分的空间中创建磁盘分区，请按 C。

◎ 删除所选磁盘分区，请按 D。


122880 MB Disk 0 at Id 0 on bus 0 on atapi [MBR]
    C: 分区 1 [NTFS]                        40957 MB
    D: 分区 2 [NTFS]                        40957 MB
```

图 2.1－30　选择要安装系统的分区

2. 选择文件系统

在选择好系统的安装分区之后，就需要为系统选择文件系统了，在 Windows XP 中有两种文件系统供选择：FAT32、NTFS。从兼容性上来说，FAT32 稍好于 NTFS；而从安全性和性能上来说，NTFS 要比 FAT32 好很多。作为普通 Windows 用户，推荐选择 NTFS 格式。在本例中也选择 NTFS 文件系统（图 2.1－31）。

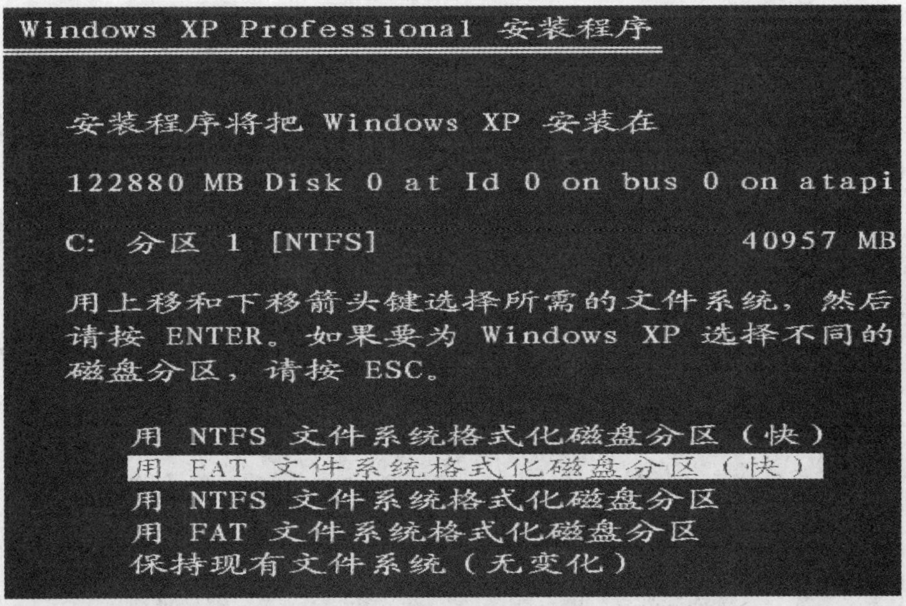

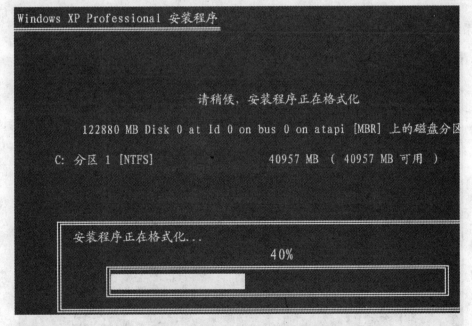

图 2.1－31　选择文件系统

　　进行完这些设置之后，Windows XP 系统安装前的设置就已经完成了，接下来就是复制文件。如图 2.1－32 所示，为安装程序正在格式化的进度。

图 2.1－32　安装程序在格式化

Windows XP 系统前的设置工作到这里就结束了。下面就是耐心等待安装了(图 2.1－33)。

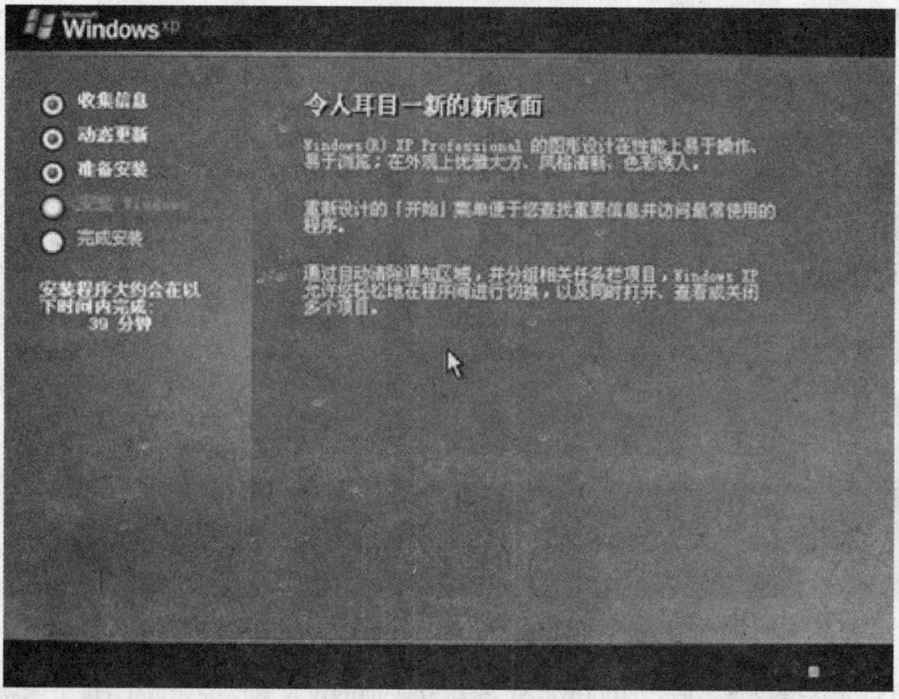

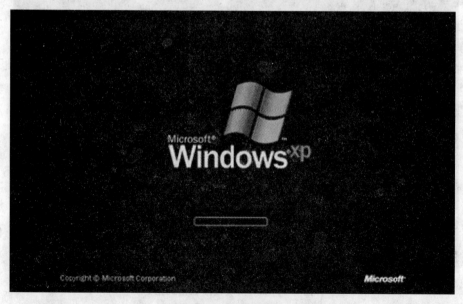

图 2.1 - 33　显示安装进度

等待时间的长短根据计算机的速度不同而不同,一般在几分钟到几十分钟。等待过后,系统会再次重启(图 2.1 - 34),然后 Windows 操作系统就安装完成了!

图 2.1 - 34　系统重启

115

图 2.1－35　Windows XP 桌面

　　进行完以上步骤之后，用户终于看到了期盼已久的"蓝天，绿地"，Windows 标志性的桌面（图 2.1－35）。

　　以上就是一个 Windows XP 系统的安装过程，因为使用的是集成了驱动的系统盘，所以连驱动安装也省了。当然，用户可以下载所有的驱动，更新一下。

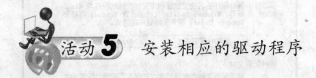

活动 **5**　安装相应的驱动程序

　　在桌面上用鼠标右击"我的电脑"，选"属性"，出现如图 2.1－36 所示界面。

图 2.1 - 36　系统属性窗口

单击"硬件"页面下的"设备管理器"按钮(图 2.1 - 37)。

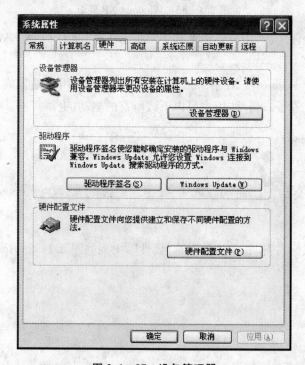

图 2.1 - 37　设备管理器

在打开的"设备管理器"窗口中,单击设备前面出现问号的地方,按界面提示就可以完成相应驱动程序的安装了(图2.1-38)。

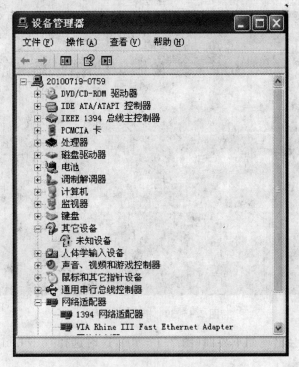

图 2.1-38　显示未知设备

 活动 **6**　安装 Windows 7

　　首先,将 Windows 7 的安装包解压出来,用 winrar、winzip、7Z、好压、软碟通等都可以解压,一般情况下,下载的都是 ISO 格式的镜像,解压出来后将这些文件复制到一个非系统盘的根目录下,系统盘大多数都是 C 盘,而根目录就是某个磁盘,例如 D 盘双击后进去的界面,一定不要放到某个文件夹里!

　　下面就用软件 NT6 HDD Installer 来帮忙安装了,可以下载 NT6 HDD Installer 软件,下载后放到之前存放 Windows 7 安装文件的盘符的根目录,也就是和 Windows 7 的安装文件放到一起。

　　然后运行,会出现下面的窗口(图2.1-39),如果用户现在的系统是 XP 可以选择 1,如果是 Vista 或者 Windows 7 则选择 2,选择完成后按回车键开始安装,1 秒钟左右结束,之后请用户重启系统。

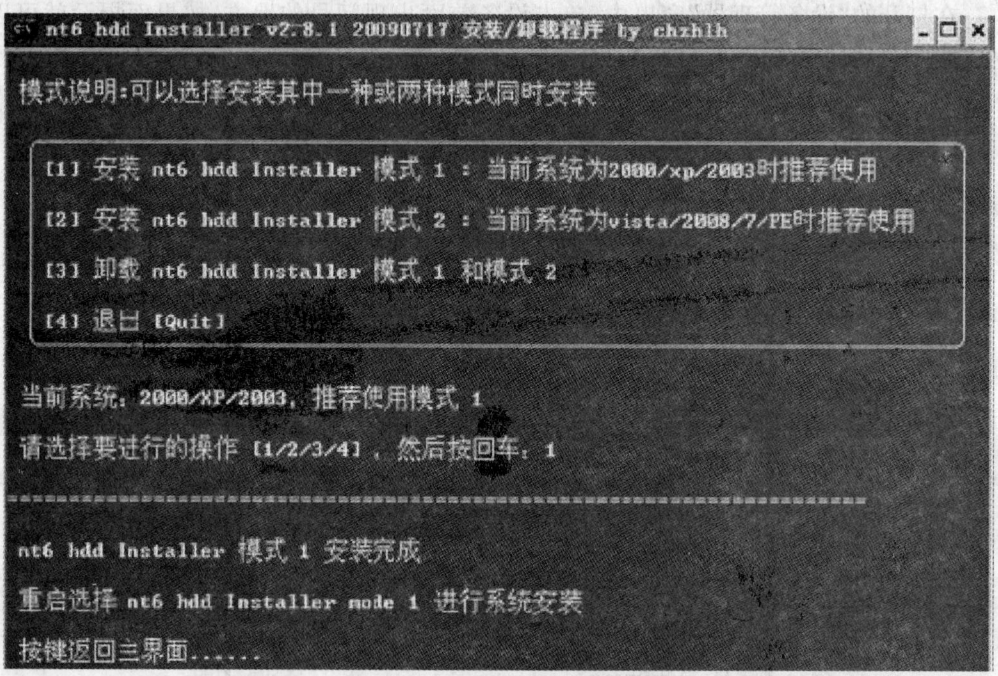

118

图 2.1 - 39　模式选择界面

在启动过程中会出现如下界面(图 2.1 - 40),这时选择"nt6 hdd Installer mode 1"选项。

图 2.1 - 40　选择要启动的 OS

下面开始安装了,图 2.1 - 41这步很简单,根据用户需要自行选择。

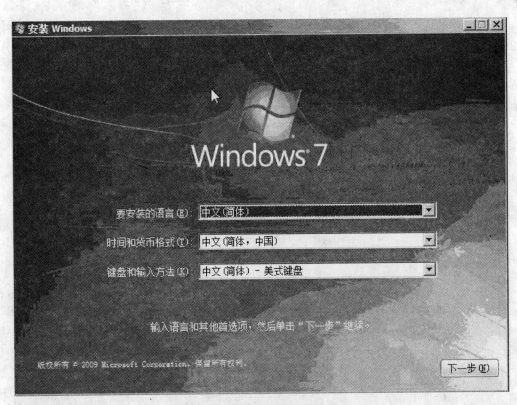

图 2.1－41 开始安装 Windows 7

在图 2.1－42 安装界面中用户一定要点击"现在安装"才能正式开始安装。

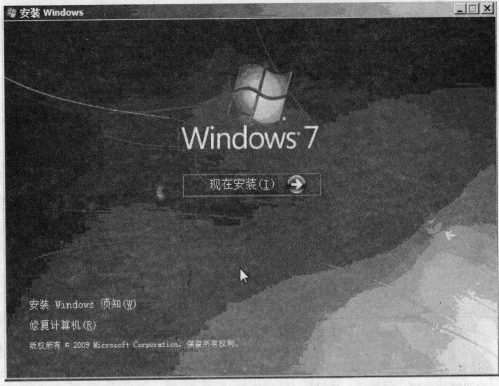

图 2.1－42 现在正式安装

在出现的许可条款中,请勾选"我接受许可条款",点击"下一步"按钮继续安装,如图
2.1-43所示。

图 2.1-43 安装许可条款

在跳出来的"您想进行何种类型的安装?"界面中(图 2.1-44),强烈建议用户选择
"自定义(高级)(C)"安装,也就是第二个,因为第一个升级比较慢。

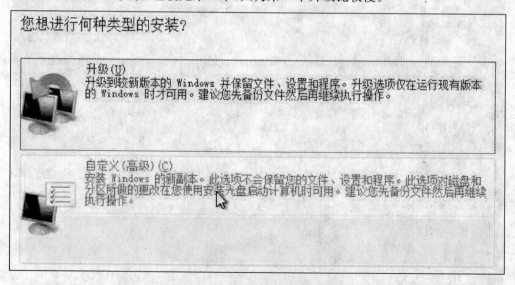

图 2.1-44 安装类型的选择界面

接着,在下一窗口,选择右下角的"驱动器选项(高级)(A)"(图 2.1-45),点击"下一
步"按钮继续安装。

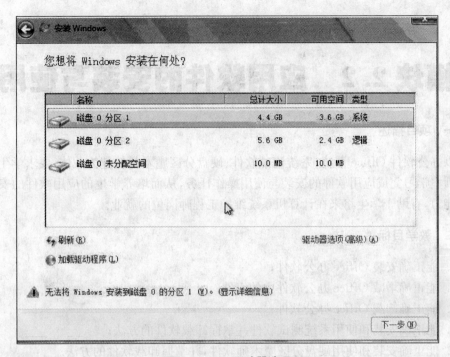

图 2.1－45　驱动器选项

　　如果用户需要安装双系统,可以找一个不是之前系统的盘符安装,如果只想用 Windows 7,那么请格式化之前的系统盘(之前一定要做好系统盘的备份),如图 2.1－46 所示。

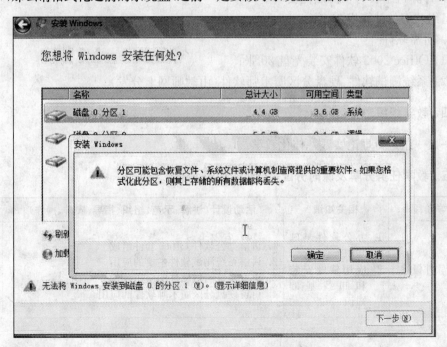

图 2.1－46　格式化之前的系统盘并安装

　　余下的任务只要按照步骤提示操作就行了,最后重启计算机,Windows 7 操作系统便安装完毕。

模块 2.2 应用软件的安装与使用

一、项目描述

以办公软件 Office 系统、系统测试软件、硬盘分区魔术师软件为载体,要求学生在基础实训室学习完成应用软件的安装与使用操作任务,从而培养学生的应用软件的安装和使用能力,有助于学生将来在计算机系统维护工程师岗位的就业。

二、教学目标

1. 能正确安装 Office 办公软件;
2. 能正确增减 Office 办公软件中的组件;
3. 能正确卸载 Office 办公软件;
4. 能正确安装和使用系统测试软件并掌握卸载软件的方法;
5. 能正确安装和使用硬盘分区魔术师软件,并掌握卸载软件的方法。

三、教学资源

1. 计算机组装与维护强化实训室

已组装好的计算机 40 台。

2. 所需软件

(1) Office 2003 软件安装光盘 20 张;

(2) 系统测试软件、硬盘分区魔术师软件(由教师网上分发)。

四、教学组织

一人一组进行理论实践一体化教学。

五、教学任务分解及课时分配

教学阶段	相关知识	活动设计(讲解、示范、组织、指导、安排、操作)	课时
应用软件概述	1. 办公软件基础知识 2. 应用软件安装和卸载基础知识	1. 讲解办公软件 Office 套件组成 2. 讲解系统测试软件主要的应用 3. 讲解系统测试软件的应用 4. 讲解硬盘分区魔术师软件的应用	1

教学阶段	相关知识	活动设计（讲解、示范、组织、指导、安排、操作）	课时
办公软件 Office 的安装和常用操作	1. 办公软件 Office 套件安装 2. 系统测试软件安装和使用 3. 硬盘分区魔术师软件安装和使用	1. 教师示范办公软件 Office 套件安装和设置；指导学生正确安装和和设置办公软件 Office 套件 2. 教师示范系统测试软件安装和使用；指导学生正确安装、设置和使用系统测试软件 3. 教师示范硬盘分区魔术师软件安装和使用、指导学生正确安装、设置和使用硬盘分区魔术师软件 4. 以上过程，教师示范、学生安装、教师指导。每人一台计算机，保证人人都有动手实训的机会	4
检查评定	应用软件的操作	检查学生是否能正确安装、设置和使用软件；如果不能正确安装、设置和使用，应分析和找出原因，有教师示范，直到学生能正确完成	1

六、评价方案

评价指标	评价标准	评价依据	权重	得分
办公软件 Office 的安装	A. 安装和设置的办公软件能正常使用 B. 安装和设置的办公软件基本能正常使用 C. 安装和设置的办公软件不能正常使用	办公软件 Office 的安装和设置结果	30	
系统测试软件的安装	A. 安装和设置的系统测试软件能正常使用 B. 安装和设置的系统测试软件基本能正常使用 C. 安装和设置的系统测试软件不能正常使用	系统测试软件的安装和设置结果	30	
硬盘分区魔术师软件的安装	A. 安装和设置的硬盘分区魔术师软件能正常使用 B. 安装和设置的硬盘分区魔术师软件基本能正常使用 C. 安装和设置的硬盘分区魔术师软件不能正常使用	硬盘分区魔术师软件的安装和设置结果	30	
态度	A. 能自觉爱护计算机部件 B. 不能自觉爱护计算机部件	操作过程	10	

活动1　使用 PowerQuest PartitionMagic 8.0

　　PowerQuest PartitionMagic 8.0（Build 1242）简装汉化版是一种超级硬盘分区工具，可以不破坏硬盘现有数据重新改变分区大小，支持 FAT16 和 FAT32 格式，可以进行互相转换，可以隐藏用户现有的分区，支持多操作系统多重启动。

　　下面就介绍硬盘分区魔术师的使用。

　　如果用户需要将 NTFS 文件系统格式的 C 盘 10 GB 增大为 11 GB，增大部分的空间从 FAT32 文件系统格式的 D 盘中减除。则用鼠标双击桌面上的硬盘分区魔术师 8.0 的快捷方式图标，启动硬盘分区魔术师 8.0 程序，出现如图 2.2-1 所示的界面。

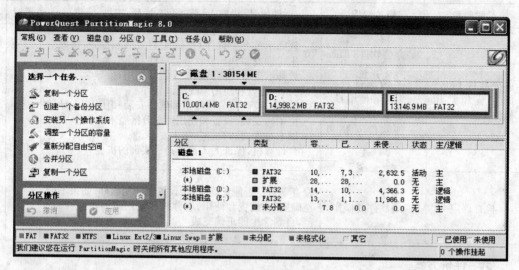

图 2.2-1　硬盘分区魔术师主界面

　　在右侧分区列表中,单击选中的分区后可对该分区进行各类常规操作(窗口左下角的"分区操作"栏目列出了各操作项目)。程序窗口左侧的"选择一个任务..."列表中,列出的各项任务是对整个硬盘进行操作。鼠标指向"调整一个分区的容量",准备对 C 盘的容量进行调整,如图 2.2-2 所示。

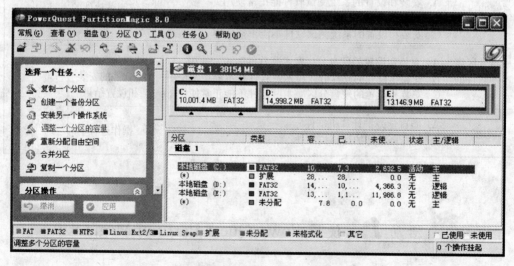

图 2.2-2　调整 C 盘的容量界面

　　单击"调整一个分区的容量",即弹出了任务向导窗口,点击"下一步"按钮,如图 2.2-3 所示。

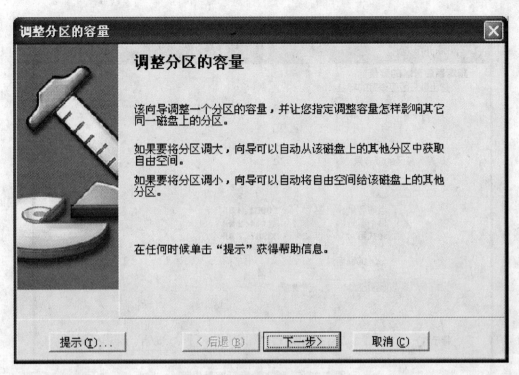

图 2.2-3 调整分区容量向导界面

再次点击"下一步"按钮,出现如图 2.2-4 所示界面。

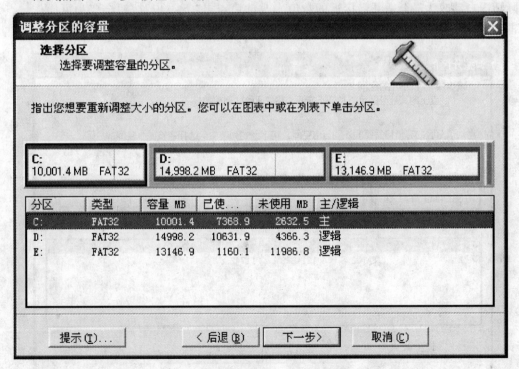

图 2.2-4 选择要调整容量的分区界面

图 2.2-4 列出了各分区的参数,用鼠标点击 C 分区,使其被选中而标注为蓝色。

C分区被选中后,点击"下一步"按钮,出现如图 2.2-5 所示的界面。

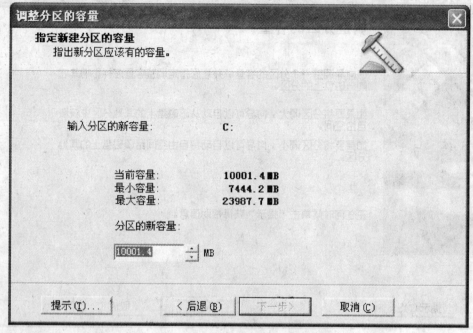

图 2.2-5　输入分区新容量界面

在分区的新容量栏目中将容量由"10 001.4"改为"11 001.4"(该数值,程序会根据实际情况自动改为最合适并最接近的数值),改动后点击"下一步"按钮会变为可操作。点击"下一步"按钮,进入如图 2.2-6 所示界面。

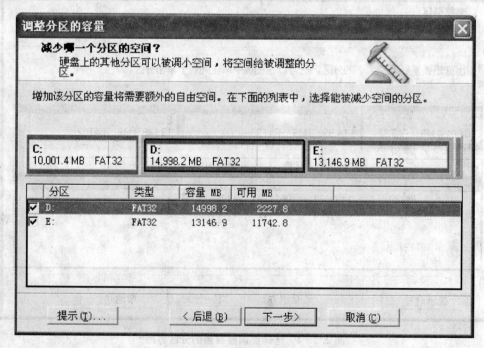

图 2.2-6　选择减少哪个分区的空间界面

增加 C 盘的容量需要从其他盘中取得空间,默认情况下是从其他所有分区中均匀地提取。如果用户只想从 E 盘中提取空间给 C 盘,因此可点击分区列表中的 E 分区,取消 D 分区前面的勾,只保留 E 盘前的勾,然后按照操作提示就可以重新改变分区大小。

 活动 **2**　认识电脑性能测试软件

在日常工作中经常会遇到一些用户抱怨说电脑速度很慢,性能也很差,但是真正让他们描述一下电脑运行很慢的症状时往往又说不上来。用户平常在使用电脑时能够通过使用操作系统、应用软件、游戏等来"感性认识"整台电脑的"快慢",不过这些毕竟只是个人感觉,不能真正说明问题。如果通过测试软件进行系统测试,用户便能够得到一些详细的数据,了解整机及各配件的性能表现,这对于优化系统和升级硬件都是很有帮助的。下面介绍几款性能比较好的整机测试软件,方便用户对自己的电脑进行性能测试。

一、SiSoft Sandra 2002 测试软件

1. SiSoft Sandra 2002 简介

拥有超过 30 种以上的测试项目,主要包括 CPU、Drive、CD-ROM/DVD、Memory、SCSI、APM/ACPI、鼠标、键盘、网络、主板、打印机等硬件设备。

SiSoft Sandra 2002 还能通过非常直观的图形界面来显示硬件的单项性能,测试速度比较快。另外还提供其他同类型硬件的测试数据与当前的测试数据的得分进行对比。

2. SiSoft Sandra 2002 的使用

在安装完成后,用鼠标双击桌面的 SiSoft Sandra 2002 图标或者单击"开始"菜单中的快捷方式都能启动它。程序启动后,出现一个布满各种各样功能图标的窗口,图标下面是简短的说明,如图 2.2-7 所示。

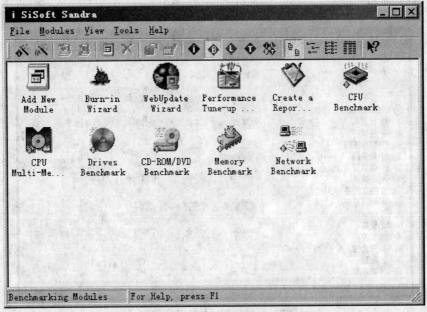

图 2.2-7　SiSoft Sandra 2002 的基本模块

SiSoft Sandra 2002 的测试模块界面如图 2.2-8 所示。

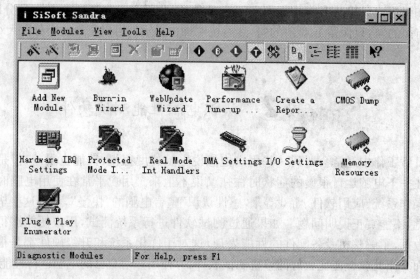

图 2.2-8　SiSoft Sandra 2002 的测试模块

二、EVEREST Ultimate Edition 测试软件

1. EVEREST Ultimate Edition 简介

EVEREST Ultimate(原名 AIDA32)，是一个测试软硬件系统信息的工具，它可以详细地显示出计算机每一个方面的信息。支持上千种(3400＋)主板，支持上百种(360＋)显卡，支持对并口/串口/USB 这些 PNP 设备的检测，支持对各式各样的处理器的侦测。同时，EVEREST Ultimate 支持中文显示，操作较为简单，可以很快上手。另外，收集到的信息能够生成 HTML、XML 格式的报告，较为直观地展示了整机的性能。

2. EVEREST Ultimate Edition 的使用

下载 EVEREST Ultimate Edition 5.01 测试软件，下载完成后，按照安装提示，安装完毕后运行本软件，主界面如图 2.2-9 所示。

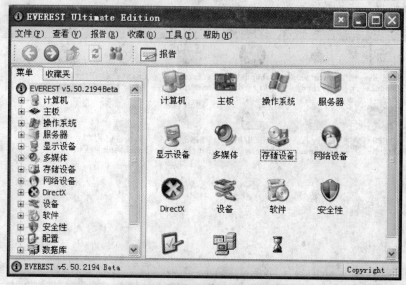

图 2.2-9　测试软件的主界面

该界面包含了整机概况、主板信息、系统信息、设备信息、安装软件信息、性能测试等几部分,整机概况简单地收集了电脑的一些重要信息,如:超作系统、主板芯片、CPU、硬盘空间等信息。在这里,用户可以大体了解自己电脑的基本的配置信息,界面如图 2.2‑10 所示。

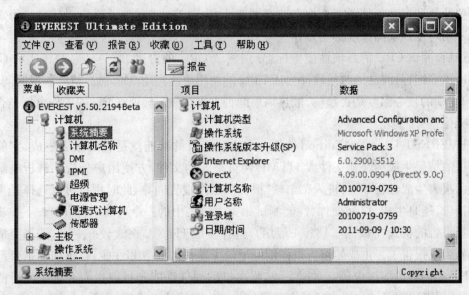

图 2.2‑10　系统摘要界面

129

主板信息收集了电脑主板的详细信息,包括 CPU 的物理信息,封装类型和大小等,还有主板芯片的详细信息,以及物理内存和虚拟内存的相关信息,这些信息都是以数字的形式详细的说明了主板的性能参数。

操作系统中也详细列出了系统的进程、驱动程序、服务和操作系统本身的参数。其他的一些信息此处就不再一一介绍说明了,用户可以通过收集以上的一些信息来了解自己电脑的详细资料,下面开始介绍测试过程。

EVEREST Ultimate Edition 的测试包括以下几个方面的内容:磁盘测试、内存和缓存方面测试、CPU 测试、监视器测试和系统稳定性测试,现在一一说明。

首先进行磁盘测试,进入"工具"然后点击"磁盘测试"选项,选择"读写性能测试",软件开始测试硬盘性能了,软件会测试连续读写硬盘数据的速度,然后测试随机存取速度,再测试缓存读取速度,软件会将磁盘的读取速度和 CPU 占用率记录下来,如图 2.2‑11所示。

图 2.2‑11　磁盘的读取速度和 CPU 占用率

接下来就是内存和缓存方面的测试了，软件会向内存发送一个比较大的数据，然后记录下内存的读取、拷贝等能力和数据等待处理的时间，再和目前比较通用的内存的性能相比较，使用户很明了地知道自己的内存性能如何，而显示器的测试是通过在全屏播放一些纯色和交叉色的图案来检查监视器有无坏点、亮点，同时还要检测其高频稳定性和色彩均匀度以及图像解析能力等。

最后，测试 CPU 的各项性能指标，分别测试 CPU 的温度、散热风扇的转速和 CPU 工作电压等指标，测试的时候软件会让 CPU 的使用率达到 100%，然后持续一段时间，记录下 CPU 的核心温度是否超标、散热风扇能否工作在额定转速、CPU 的工作电压是否稳定而无偏差等。

EVEREST Ultimate Edition 软件一个比较强大的功能就是它的报表生成，它能够将测试的结果生成纯文本文件或 HTML 网页格式的文件，方便用户分析和解析电脑的性能。报表生成过程如下：进入菜单栏"报告"，点击报告向导，此时用户可以选择是生成全部报告，还是生成软件、硬件、性能测试相关内容之中的一个（图 2.2-12）。下一步就是选择报告的格式（图 2.2-13），一般用户选择生成 HTML 格式较好一点，选择完成后就开始生成报告了。生成的报告很详细地记录了整机的配置和性能，在电脑的重要部件如 CPU 和内存的测试中还有对比系统，将本机的硬件性能和目前市面上比较流行的相对比，使用者很明了地知道自己的电脑硬件的档次和优缺点，如图 2.2-14 所示。

图 2.2-12　报告配置文件选择界面

图 2.2 - 13　报告格式选择界面

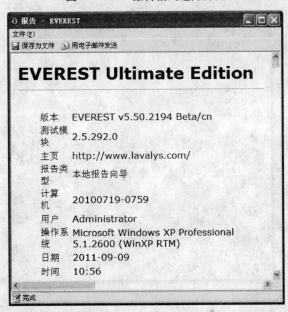

图 2.2 - 14　配置文件报告

3. 测试结果

　　经过测试发现,EVEREST Ultimate Edition 确实是一款功能比较强大的测试软件,特别表现在它的报表生成功能上,它能很详细地统计收集到的电脑的信息和测试的结果,报表也比较直观明了,而且测试功能上对于电脑的一些重要部件的测试如 CPU、内存、磁盘等都比较成功。

教学项目三

计算机软硬件系统维护

模块 3.1　微机硬件系统常见故障诊断和排除

一、项目描述

以计算机硬件组成部件 CPU、主板、内存、硬盘为载体，要求学生在计算机组装与维护强化实训室中学习完成基本的硬件系统维护维修任务，从而培养学生对计算机硬件的维护维修的能力，有助于学生将来在计算机维护维修岗位的就业。

二、教学目标

1. 能正确认识开机画面的信息；
2. 能熟练设置 BIOS 的主要参数；
3. 在使用计算机时能对计算机进行日常硬件维护；
4. 能对常见的硬件故障进行诊断和排除。

三、教学资源

1. 计算机组装与维护基础实训室
(1) 设有各种故障的计算机 20 台；
(2) 螺丝刀 40 把、老虎钳 10 把、螺丝钉等维修工具。
2. 计算机组装与维护强化实训室
已组装好的计算机 40 台。

四、教学组织

1. 8 人一组进行理论实践一体化教学；
2. 组内成员交流计算机维护维修的经验；
3. 每组分配一台出现故障的计算机，根据现象，小组讨论排查故障的方案，然后实施故障排除；
4. 小组间交换故障机器，重复以上的操作；
5. 小组间交流故障排查方案的经验和心得，对于不能排查的故障提交班级集体讨论；
6. 教师进行指导、归纳、总结。

五、教学任务分解及课时分配

教学阶段	相关知识	活动设计（讲解、示范、组织、指导、安排、操作）	课时
BIOS 的设置	设置 BIOS 主要参数	1. 教师讲解开机画面显示的信息内容，并指导学生进行识别 2. 讲解 BIOS 的功能和设置方法 3. 教师示范 BIOS 常见参数的设置，指导学生正确设置 BIOS 主要参数 以上教学在计算机组装与维护强化实训室里进行理论实践一体化教学	2
计算机硬件维护和保养	计算机硬件基本维护常识	1. 讲解计算机在使用中对环境的要求 2. 计算机的日常使用的注意事项、如何对配件进行清洁保养 3. 安排学生练习对配件进行保养 4. 小组讨论计算机维护保养的经验和心得 以上教学在计算机组装与维护基础实训室里进行理论实践一体化教学	2
常见硬件故障诊断和排除	计算机硬件故障诊断和排除的方法和步骤	1. 讲解硬件故障处理的一般方法和步骤 2. 教师在计算机上设置 CPU、主板、内存条、硬盘的一些常见硬件故障 3. 学生分组练习对设有故障的计算机进行诊断和排查 4. 小组交换故障机器，继续练习诊断和排查故障 以上教学在计算机组装与维护基础实训室里进行理论实践一体化教学	3
检查评定	硬件系统维护	1. 组内成员之间是否正确认识开机信息，能否对BIOS主要参数进行正确设置 2. 对出现的问题，小组讨论出原因，并提出解决方案 3. 组内成员之间是否能对设有故障的计算机进行诊断和排查；小组间交流故障排查方案的经验和心得，对于不能排查的故障提交班级集体讨论找出解决方案 4. 教师给予指导，归纳总结	1

六、评价方案

评价指标	评价标准	评价依据	权重	得分
BIOS 的设置	A. BIOS 的主要参数设置正确 B. BIOS 主要参数设置有少于两处的错误 C. BIOS 主要参数设置中有多于两处的错误	BIOS 的设置结果	20	

续　表

评价指标	评价标准	评价依据	权重	得分
计算机硬件维护和保养	A. 能对计算机各部件进行正确的清洁和保养,操作规范 B. 基本能对计算机各部件进行清洁和保养,操作基本规范 C. 在对计算部件进行清洁和保养过程中存在重大失误	硬件维护和保养结果	20	
常见硬件故障的诊断	A. 能准确诊断出计算机的故障原因,并能迅速排除,操作规范 B. 能诊断出计算机的故障原因,并能给予排除,操作基本规范 C. 不能诊断出计算机的故障原因,操作不规范	硬件故障的诊断结果	20	
常见硬件故障的排除	A. 能根据硬件故障,迅速排除硬件故障 B. 基本能根据硬件故障,迅速排除硬件故障 C. 不能根据硬件故障,排除硬件故障	硬件故障的排除结果	30	
态度	A. 能认真、仔细、沉着、冷静观察计算机部件 B. 不能认真、仔细、沉着、冷静观察计算机部件	操作过程	10	

计算机维护包括环境维护、软件维护和硬件维护。软件维护在随后的模块中加以介绍,本模块主要介绍环境维护和硬件维护。

活动 1　维护计算机环境

在使用电脑的过程中,由于主机各部件长时间地处于工作状态及受周围环境的影响,主机内部 CPU、内存条、软硬盘和主机板等部件上,处处沾了大量的灰尘。一般情况下,会影响电脑的运行效率,情况严重时,会使电脑根本无法工作,甚至会烧毁 CPU 等重要部件,所以电脑的日常维护是很重要的。

一、环境维护时的常用工具

常用的维护工具有:除尘用的毛刷及吸尘器;清洁显示器、打印机,以及主机箱表面灰尘用的清洁剂;清洗驱动器磁头所使用的清洁盘等。

1. 吸尘器

吸尘器主要用于清除电脑主机和打印机内部的灰尘。灰尘是电脑的大敌,许多电脑部件由于沾了大量的灰尘,使得电脑不能正常工作。如果灰尘过多,会影响内部散热,造成电路板上的元件发生断路或短路现象,严重时还会烧坏 CPU 或板卡,所以必须用吸尘器吸走灰尘,而不能用其他工具将尘土吹得乱飞,这样只会造成尘土在主机箱内搬家,根

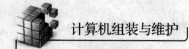

本达不到清洁电脑的目的。有条件的用户,可以考虑购置一个小型的吸尘器,它的除尘效果很好。

2. 清洁剂

显示器长时间在办公室条件下工作,常常使其表面蒙上一层尘土,使显示的内容模糊不清,这对显示器的显示及人体的健康极为不利。其主要原因是显示器表面聚积的静电吸附了空气中的灰尘,使显示的内容变得很朦胧,有的用户加大显示器的亮度,这对显示器本身和操作者的健康都十分不利。所以清洁显示器和电脑其他部件表面的灰尘也十分必要。清洁时,要选用显示器专用清洁剂,切不可使用伪劣产品。清洁方法很简单,用干净的软布等沾上专用清洁剂反复擦拭显示器等部件的表面。

二、维护操作

1. 清洁主机部分

电脑的主机部分尽管有机箱的保护,但由于在一般的办公室条件下长期运行,仍然会沾到许多灰尘。如果不及时进行清洁,会影响芯片的散热,引起接插件部分接触不良,还会严重影响电脑的工作速度。清洁时,先用毛刷对各板卡表面上的灰尘轻轻地刷一下,然后再用吸尘器吸一遍,将灰尘吸干净。

2. 清洁散热风扇

在清洁 CPU 散热风扇时,一般是将它拆下来进行清洁。清洁 CPU 风扇的具体方法可分为如下几步:

(1) 清除灰尘

用刷子顺着风扇马达轴心边转边刷,同时对散热片也要一起刷,这样才能达到清洁效果。

(2) 加油

由于风扇经过长期运转,在转轴处积了不少灰尘。揭开风扇后面的不干胶,就是写着厂商的那张标签,小心不要撕破,因为还要再贴回去。然后加一点缝纫机油,因为缝纫机油比较细,润滑效果会好一点。如果没有,也可以用其他润滑油代替。在转轴上滴几滴即可,然后再将厂商标签粘贴好。

(3) 清除油垢

如果加油后,风扇转动时还有响声,就应拆下风扇,清理转子和电刷。拿出尖嘴钳,先把风扇转子上的锁片拆下来,然后把风扇的转子拆下来,转子上的接触环和电刷上面积了一层黑黑的油垢,拿出一瓶无水酒精,或者磁头清洁剂,用镊子缠一团脱脂棉花,蘸一点无水酒精,把那些油垢小心地擦去。注意不要把电刷弄斜、弄歪、弄断,清理干净后再安装好。

硬件故障是指造成微机硬件系统功能出错或系统性能下降的硬件不兼容、设置错误、接插件接口错位、使用老化、物理损坏等故障。这类故障的现象比较固定，一般反映出某个功能部件的功能紊乱、丧失或整机出现特定的现象。

软件故障是指由于软件操作不当引起的故障，以及因系统或软件参数设置不当、不兼容、病毒、BUG 等原因而出现的故障。

软件故障一般是可以恢复的。这类故障不用对硬件设备进行操作，因此不造成影响。常见的现象有软件功能丧失、性能下降、死机、机器引导不正常等。

但一定要注意，某些情况下的软件故障也可以转化为硬件故障。

一、软件方面的主要故障

（1）当软件的版本与运行环境的配置不兼容时，造成软件不能运行、系统死机、文件丢失或被改动现象。

（2）两种或多种软件的运行环境、存取区域或工作地址等发生冲突，造成系统工作混乱等。

（3）由于误操作而运行了具有破坏性的程序、不正确或不兼容的程序、磁盘操作程序、性能测试程序等使文件丢失、磁盘格式化等。

（4）软件设计错误导致的 BUG、计算机病毒引起的故障。

（5）基本的 CMOS 芯片设置、系统引导过程配置和系统命令配置的参数设置不正确或者没有设置，电脑也会产生操作故障。

（6）系统设备的驱动程序安装不正确，造成设备无法使用或功能不完全。

（7）系统中有关内存等设备管理的设置不当。

（8）操作系统存在的垃圾文件过多，造成系统瘫痪。

二、硬件方面的主要故障

硬件故障涉及微机主机内的各种板卡、存储器、显示器、电源等。常见的硬件故障有如下一些表现：

（1）电源故障，导致系统和部件没有供电或只有部分供电。

（2）部件工作故障，电脑中的主要部件如显示器、键盘、磁盘驱动器、鼠标等硬件产生的故障，造成系统工作不正常。

（3）元器件或芯片松动，接触不良、脱落，或者因温度过热而不能正常运行。（温度超过 $60℃$ 时，电子元件容易发生故障。温度每上升 $10℃$，电子元件的可靠性就降低 25%

左右)

（4）电脑外部和电脑内部的各部件间的连接电缆或连接插头（座）松动，甚至松脱或者错误连接，电路的跳线连接脱落、连接错误，或开关设置错误。

（5）环境差、维护不当，器件质量低劣、老化等。

三、黑箱原理

可以将微机设备看成一个只有输入端和输出端的密封黑箱，严禁撬开箱子窥看，要想知道它的内部秘密，只能输入一些参数和进行某些试验，然后观测输出端的行为，根据观测结果判断黑箱的内部秘密，这就是黑箱原理。

活动 **3**　查找计算机故障

一、计算机故障的诊断

计算机系统故障诊断的基本原则主要包含以下几点：

1. 先软件后硬件

软件问题造成的计算机故障，一般是不需要拆卸机器就能够完成修复工作的。因此，当计算机系统出现故障的时候，应先从软件入手查找故障，如果排除了是软件方面的原因造成的故障，再来检查硬件。

2. 先外设后主机

外设相对于计算机主机来说要简单一些，因此，如果计算机故障出现在外设上一般都比较容易发现和排除，如果外设没有问题，再来看主机这一部分。

3. 先电源后部件

电源是计算机系统的心脏，如果电源出现问题会造成计算机系统的某些部件工作不正常，因此，查找故障应先从电源入手。如果电源正常，再检查其他部件。

4. 先简单后复杂

（1）计算机系统各部件和设备的连接情况，包括：电源连接、设备连接等。

（2）计算机屏幕情况，计算机扬声器的响声。

（3）计算机内部散热器及风扇工作情况。

（4）计算机系统硬件及软件配置情况。

（5）计算机系统中各种板卡之间的连接情况。

（6）计算机病毒的影响。

计算机系统出现由硬件原因引起的故障，很多都可以通过计算机主机箱中安装的扬声器以不同的报警声告诉给用户，这是因为在计算机主板上的 BIOS 芯片中存有硬件诊断程序,当诊断程序发现某些硬件出现问题时就会报警,因此,了解计算机扬声器发出的报警声的含义对于计算机故障的诊断是非常有帮助的。下面列出了常用 BIOS 程序故障报警声的具体含义,供大家参考。

Award BIOS 报警声:

1 短:系统正常启动。

2 短:常规错误。解决方法:重设 BIOS。

1 长 1 短:RAM 或主板出错,更换内存或主板。

1 长 2 短:显示器或显示卡错误。

1 长 3 短:键盘控制器错误,检查主板。

1 长 9 短:主板 Flash RAM 或 EPROM 错误,BIOS 损坏。

不断地响(长声):内存条未插紧或损坏。

不停地响:电源、显示器未和显卡连接好。

重复短响:电源有问题。

无声音无显示:CPU 或电源有问题。

AMI BIOS 报警声:

1 短:内存刷新失败。解决方法:更换内存条。

2 短:内存奇偶校验错误。解决方法:进入 CMOS 设置,将内存 Parity 奇偶校验选项关掉。

3 短:系统基本内存(第一个 64KB)检查失败。解决方法:更换内存条。

4 短:系统时钟出错,主板上的 TIMER 定时器不工作。

5 短:CPU 错误。

6 短:键盘控制器错误。

7 短:CPU 例外中断错误,主板上的 CPU 产生一个例外中断,不能切换到保护模式。

8 短:显示内存错误,显卡上无显示内存或显示内存错误,更换显卡或显存。

9 短:ROM 检查失败,ROM 校验值和 BIOS 中记录值不一样。

10 短:CMOS 寄存器读/写错误,CMOS RAM 中的 SHUT DOWN 寄存器故障。

11 短:CACHE 错误/外部 CHCHE 损坏,表示外部 CACHE 故障。

1 长 3 短:内存错误,内存损坏,更换。

1 长 8 短:显示测试错误,显示器数据线没插好或显卡没插牢。

Phoenix BIOS 报警声:

1 短:系统启动正常。

1 短 1 短 1 短:系统加电初始化失败。

1 短 1 短 2 短:主板错误。

1 短 1 短 3 短:CMOS 或电池失效。

1 短 1 短 4 短:ROM BIOS 校验错误。

1 短 2 短 1 短:系统时钟错误。

1 短 2 短 2 短:DMA 初始化失败。

1 短 2 短 3 短：DMA 页寄存器错误。

1 短 3 短 1 短：RAM 刷新错误。

1 短 3 短 2 短：基本内存错误。

1 短 3 短 3 短：基本内存错误。

1 短 4 短 1 短：基本内存地址线错误。

1 短 4 短 2 短：基本内存校验错误。

1 短 4 短 3 短：EISA 时序器错误。

1 短 4 短 4 短：EISA NMI 口错误。

2 短 1 短 1 短：前 64 KB 基本内存错误。

3 短 1 短 1 短：DMA 寄存器错误。

3 短 1 短 2 短：主 DMA 寄存器错误。

3 短 1 短 3 短：主中断处理寄存器错误。

3 短 1 短 4 短：从中断处理寄存器错误。

3 短 2 短 4 短：键盘控制器错误。

3 短 1 短 3 短：主中断处理寄存器错误。

3 短 4 短 2 短：显示错误。

3 短 4 短 3 短：时钟错误。

4 短 2 短 2 短：关机错误。

4 短 2 短 3 短：A20 门错误。

4 短 2 短 4 短：保护模式中断错误。

4 短 3 短 1 短：内存错误。

4 短 3 短 3 短：时钟 2 错误。

4 短 3 短 4 短：时钟错误。

4 短 4 短 1 短：串行口错误。

4 短 4 短 2 短：并行口错误。

4 短 4 短 3 短：数字协处理器错误。

二、检测计算机硬件故障的常用办法

1. 清洁法

某些电脑故障，往往是由于机器内积累太多灰尘引起的，这就要求在维修过程中，应该先进行除尘，再进行后续的判断维修。在进行除尘操作中，以下几个方面要特别注意：

（1）风扇的清洁

在风扇的清洁过程中，最好在清除其灰尘后，能在风扇轴处加一点钟表油，以加强润滑。

（2）板卡金手指部分，插头、插座、插槽的清洁

金手指的清洁，可以用橡皮擦拭金手指部分，或用酒精棉擦拭也可以。插头、插座以及插槽的金属引脚上出现的氧化现象可以用酒精擦拭，或用金属片在金属引脚上轻轻刮擦。

（3）大规模集成电路、元器件等引脚处的清洁

用小毛刷或吸尘器等工具清除灰尘时，顺便观察引脚有无虚焊和潮湿，元器件是否有变形、变色或漏液等现象。

（4）使用的清洁工具必须是防静电的，若是使用金属工具的注意要切断电源，以防触电。

2. 直接观察法

直接观察法即"看、听、闻、摸"。

（1）看：即观察系统板卡的插头、插座是否歪斜，电阻、电容引脚是否相碰，表面是否烧焦，芯片表面是否开裂，主板上的铜箔是否烧断。还要查看是否有异物掉进主板的元器件之间（造成短路）。同时也应查看板上是否有烧焦变色的地方，印刷电路板上的走线（铜箔）是否断裂等。

（2）听：听开机时或运行时有无异常声音，如开机时听到"嘟—嘟"的长音，那是内存条没有插好，或内存条有问题，如听到"嘟—嘟嘟"一长二短，那是显卡没有插好。发现问题，应立即停机进行检修。

（3）闻：即辨闻主机、板卡中是否有烧焦的气味，便于发现故障和确定短路所在处。

（4）摸：即用手按压管座的活动芯片，查看芯片是否松动或接触不良。另外，在系统运行时，一般部件外壳正常温度在 $40℃\sim50℃$ 之间，除 CPU 温度较高须加风扇降温外，其他部件在正常情况都不应发烫。

3. 拔插法

计算机故障的产生原因很多，例如，主板自身故障、I/O 总线故障、各种插卡故障均可导致系统运行不正常。采用拔插法是确定主板或 I/O 设备故障的简捷方法。该方法的具体操作是，关机将插件板逐块拔出，每拔出一块板就开机观察机器运行状态。一旦拔出某块后主板运行正常，那么，故障原因就是该插件板有故障或相应 I/O 总线插槽及负载有故障。若拔出所有插件板后，系统启动仍不正常，则故障很可能就在主板上。

拔插法的另一含义是：一些芯片、板卡与插槽接触不良，将这些芯片、板卡拔出后再重新正确插入，便可解决因安装接触不良引起的计算机部件故障。

4. 替换法

替换法是用好的部件去代替可能有故障的部件，以判断故障现象是否消失的一种维修方法。

好的部件可以是同型号的，也可能是不同型号的。替换规则的步骤如下：

检查与有故障的部件相连接的连接线、信号线等。

根据故障的现象或从部件的故障率高低来考虑最先替换的部件。

按先简单后复杂的顺序进行替换。如：先内存、CPU，后主板；又如要判断打印故障时，可先考虑打印机的驱动是否有问题，再考虑打印电缆是否有故障，最后考虑打印机或并口是否有故障等。

在用替换法判断故障时，一定要确定将有故障的板卡插入到运行良好的电脑上不会给电脑带来损坏。正确的做法就是在对怀疑有故障的板卡替换之前，用万用表测量电源

143

和地线有无短路现象。若是短路了,则是板卡损坏,不需再用替换法。

5. 比较法

比较法与替换法类似,即用好的部件与怀疑有故障的部件进行外观、配置、运行现象等方面的比较,也可在两台电脑间进行比较,最好是同型号的,查看哪一个部位或模块电压的波形不相同,不同的部位就是故障所在。

6. 振动敲击法

用手指轻轻敲击机箱外壳,有可能发现因接触不良或虚焊造成的故障问题。然后,可进一步检查故障点的位置并排除故障。

7. 升温降温法

人为升高计算机运行环境的温度,可以检验计算机各部件(尤其是 CPU)的耐高温情况,从而及早发现事故隐患。人为降低计算机运行环境的温度,如果计算机的故障出现率大大减少,则说明故障出在高温或不能耐高温的部件中。使用该方法可缩小故障诊断范围。

事实上,升温降温法采用的是故障促发原理,以制造故障出现的条件来促使故障频繁出现,从而观察和判断故障所在的位置。

8. 软件测试法

随着各种集成电路的广泛应用,焊接工艺越来越复杂。同时,随机的硬件技术资料较缺乏,仅靠硬件维修手段往往很难找出故障所在。而通过随机诊断程序、专用维修诊断卡及根据各种技术参数(如接口地址),自编专用诊断程序来辅助硬件维修,则可达到事半功倍之效。程序测试法的原理是,用软件发送数据、命令,通过读线路状态及某个芯片(如寄存器)状态来识别故障部位。此法往往用于检查各种接口电路故障及具有地址参数的各种电路。但此法应用的前提是 CPU 及总线基本运行正常,能够运行有关诊断软件,能够运行安装在 I/O 总线插槽上的诊断卡等。编写的诊断程序应严格、全面、有针对性,能够让某些关键部位出现有规律的信号,能够对偶发故障进行反复测试及能显示记录出错情况。软件诊断法要求具备熟练编程技巧,熟悉各种诊断程序与诊断工具(如Debug、DM 等),掌握各种地址参数(如各种 I/O 地址)以及电路组成原理等。尤其掌握各种接口单元正常状态的各种诊断参考值是有效运用软件诊断法的前提和基础。

9. 安全模式法

以安全模式启动电脑时,Windows 仅加载基本的驱动程序和计算机服务。

在安全模式下可以确定并解决那些自动启动的、有故障的驱动程序或服务所导致的问题,对可能阻碍电脑正常启动的程序、服务或设备驱动程序可以禁用或删除。删除任何新添加的硬件,然后重新启动电脑,查看问题是否已得到解决。

如果电脑可以在安全模式下启动,但无法以正常模式启动,则可能存在以下问题:

(1)硬件设置问题,如设备故障、安装问题、布线问题或连接器问题。

(2)资源分配上有冲突。

(3)系统与某些程序、服务或驱动程序不兼容。

(4)注册表已损坏。

 **CPU 常见故障诊断和排除**

一、CPU 常见故障解决方案

1. 电脑没有反应类故障解决方案

一般在遇到这种故障时可采用"替换法"来确定故障的具体部位。假如消除了主板、电源引发故障的可能性,则可确定是 CPU 的问题并多为内部电路损坏。倘若如此的话,就只能通过更换 CPU 来解决了。

2. 规律性频繁死机类故障解决方案

当用户每次开机一段时间后死机或运行大的程序游戏时频繁死机时,主要原因是由于散热系统工作不良、CPU 与插座接触不良、BIOS 中有关 CPU 高温报警设置错误等造成的。

解决方案 检查 CPU 风扇是否正常运转,散热片与 CPU 接触是否良好、导热硅脂涂敷得是否均匀,取下 CPU 检查插脚与插座的接触是否可靠,进入 BIOS 设置调整温度保护点。

3. 超频类故障解决方案

过度超频之后,电脑启动时可能会出现散热风扇转动正常,而硬盘灯只亮了一下便没了反应,显示器也维持待机状态的故障。由于此时已不能进入 BIOS 设置选项,因此,也就无法给 CPU 降频了。

解决方案 打开机箱并在主板上找到给 CMOS 放电的跳线,给 CMOS 放电并重启电脑即可。

二、CPU 常见故障诊断和排除

1. 开机自检完成后死机故障

故障现象 开机自检完成后死机,既不读硬盘也不读光盘,无法启动。

故障原因 此故障可能是操作系统有问题或硬盘引导程序被破坏或 CPU 损坏。

解决方案 打开主机箱,先将硬盘从主机上拆下,接到一台正常的电脑上实验,电脑自检、启动、运行应用程序均正常,说明操作系统和硬盘引导程序无故障。接着拔下CPU,查看 CPU 及其插座,发现 CPU 插座上其中一个孔上,有少量的焊锡搭到相邻的插孔上,使两个孔短接。故将焊锡去掉,一切恢复正常。

2. CPU 不兼容引起无法启动

故障现象 电脑开机后不能正常进入系统,即使有时能进入系统,用显示卡自带驱动程序将颜色从 256 位色调至 16 位色,重新启动 Windows 后,双击该驱动程序图标便黑屏,只能重新启动。

解决方案 首先怀疑是由病毒引起,用杀毒软件检测没有发现病毒,再按照主板说明书重新设置CMOS的参数,并将"Shadow RAM"和"Internal/External Cache"等全部改为"Disabled",但故障仍存在,于是采用插拔法对内部硬件进行测试,发现将两根内存条前后位置互换后,死机情况减少了,但没过多久,又会出现以前的故障,再将CPU和显示卡放在另一块主板上使用,没有任何问题,把另一块主板上的CPU和显卡放在该主板上运行,也无任何问题,于是确定是CPU芯片与主板及显示卡不兼容导致的故障,换上其他型号的CPU后启动正常。

3. CPU温度过高使系统死机

故障现象 电脑启动后运行半个小时死机或启动后运行较大的软件游戏死机。

故障原因 这种有规律性的死机现象一般与CPU的温度有关。

解决方法 打开机箱侧面板后再开机,发现装在CPU散热器上的风扇,转动时快时慢,叶片上还沾满了灰尘。关机取下散热器,用刷子把风扇上的灰尘刷干净,然后把风扇上下面的不干胶贴纸各揭起一大半,露出轴承,发现轴承处的润滑油早已干涸,且间隙过大,造成风扇转动时的声音增大了许多。用摩托车机油在上下轴承处各滴上一滴,然后用手转动几下,擦去多余的机油并重新粘好贴纸,把风扇装回到散热器中去,再重新装到CPU上面。启动电脑后,发现风扇的转速明显快了许多,噪声也小了许多。运行时不再死机。

4. CPU温度过高引起自动热启动

故障现象 电脑经常开机运行一段时间后自动重启,有时甚至一连数次不停,关机片刻后重新开机,恢复正常,但数分钟后又出现上述现象。

解决方案 首先怀疑感染上了病毒,用软件查杀,没有发现病毒。又怀疑CMOS参数设置有误,关机后重新开机进入CMOS参数设置,未发现任何异常,但故障依旧。再打开机箱,加电后仔细观察,发现CPU上的风扇没有转,断电后用手触摸小风扇和CPU,感觉很烫,从而断定故障原因是CPU散热不畅,温度过高所致。小心拆下风扇,发现一端的接线插头松脱,将其插紧后加电运行,故障消失。

5. CPU风扇不转引起死机

故障现象 电脑在启动时,突然出现"系统错误,除数为零或溢出错误"的提示,然后死机。

解决方案 经反复检查,没有发现任何软件故障,最后将故障锁定在硬件中。关闭电脑,打开机箱检查硬件,重新启动时发现CPU的风扇不转。仔细检查发现连接CPU风扇的电源线中有一根松动,将松动的线插紧后重新启动,风扇转动正常。

6. CPU超频故障

故障现象 CPU超频后正常使用了几天后,一次开机,显示器黑屏,重启后无效。

故障原因 因为CPU是超频使用,且是硬超,有可能是超频不稳定引起的故障。开机后,用手摸了一下CPU发现非常烫,于是判断故障可能在此。

解决方案 找到CPU的外频与倍频跳线,逐步降频后,启动电脑,系统恢复正常,显示器也有了显示。

7. CPU 管脚引起显示器黑屏

故障现象　在一台电脑的 CPU 上加装了风扇后,开机时电源指示灯亮,电源风扇也正常转动,但电脑并没有启动,也没有出现开机自检画面。

解决方案　由于故障发生前曾经取下过 CPU,并在 CPU 散热片上加装了个风扇,所以故障的原因很可能由硬件引起。

打开机箱盖观察,发现开机瞬间,硬盘、光驱灯都亮了一下,同时 CPU 风扇也运转正常;用万用表测试,电源的正负 12 V 输入、正负 5 V 输出均正常。将 CPU、内存、显卡等部件取下重新安装一次,确保接触良好,再次启动后故障依旧。

取下声卡、光驱、硬盘等,主板上只留 CPU、内存、显卡,开机时仍未出现启动画面,可以确定故障原因在 CPU、内存或主板上。当内存有问题时,启动时应有报警声,所以只有主板、CPU 损坏时才会黑屏。

仔细观察 CPU,发现在 CPU 金手指的一根引脚上有一道很深的划痕,可能是该引脚被切断。用烙铁将被切断的引脚焊接好后插回原来的主板测试,故障消失。

8. CPU 插座故障导致无法开机

故障现象　电脑正在使用时,突然黑屏后重启,重启时仍然黑屏,而主机电源灯是亮的。重启几次后,情况仍一样。

解决方案　估计是显卡有问题,因为当按下电源开关时,电脑启动了,电源指示灯亮着,CPU 风扇也转动起来,光驱指示灯闪了几下,只是显示器仍处于待机状态,主机没有发出"滴"的正常开机响声。

由于这款主板是集成的显卡,因此另外找了一块显卡插好,但主机还是不能启动。把网卡、调制解调器和光驱都拆下,故障一样。在准备更换 CPU 时,发现散热片的卡簧轻易地就被拆了下来。又由于硅酯的黏力,CPU 连同散热风扇一同被拔下来了,但这个时候 CPU 插座的手柄还没有被提起来。原来是 CPU 插座太松了,不能将 CPU 紧固在 CPU 插座里,导致 CPU 接触不良。后来换了风扇,并用几根橡皮筋将 CPU 风扇紧紧压住 CPU。重启后,问题解决了。

9. 风扇与散热器不配套导致"死机"

故障现象　一台电脑自从进入夏季以来总是"死机",从进入 Windows 系统到"死机"时间间隔大约是 3 小时。

解决方案　首先仔细检查主板、内存、显卡等主要部件,没有发现异常现象,随手启动了电脑,约半小时后,采用屡试不爽的直接"触摸法",将手伸进机箱触摸主板上的几个主要芯片及 CPU 散热器,当触及 CPU 散热器时感觉被烫一下(估计有 70℃~80℃),而其他芯片基本正常。看来"死机"故障肯定与 CPU 散热风扇有关。再经仔细观察发现,风扇与散热器之间好像有个不小的缝隙,风扇还似乎有点歪斜。关机断开电源,卸下散热器和风扇,发现风扇与散热器好像不是一套,实际上,看到风扇上仅拧上了 2 个螺丝就应该知道风扇与散热器不是一套。由于新风扇比原装风扇略大一圈,这就导致螺丝孔位置对不上,因此勉强拧上 2 个螺丝算是应付了事,便就此埋下潜在隐患。

147

10. 假冒名牌的散热器导致频繁死机

故障现象 一台电脑进入夏季后,总是无缘无故死机,从开机到死机半个小时,如果运行 3D MAX 程序,没过 1 小时就死机。

解决方案 开始怀疑病毒作怪,对电脑全面杀毒,故障依旧。仔细观察了主板、内存、显卡等主要部件,没发现什么异常,随手启动电脑,进入系统后运行 3D MAX,果不其然大约 1 小时后出现了死机。关机,将 DEBUD 卡插在 PCI 槽上,然后再次启动电脑,DEBUG 卡上的数字快速变化最后定格为 FF,说明硬件检测通过了。按照以往经验,如果硬件检测通过,那么最值得怀疑的是 CPU 散热系统和主板 CMOS 中的保护设置了。20 分钟后,伸手去摸主板上的几个主要芯片以及 CPU 散热器,感觉 CPU 散热器、北桥芯片还有 2 个大电容温度都超出了正常值,看来死机故障与 CPU 散热风扇有关。取下 CPU 散热风扇,拿起散热器仔细观察,从做工上一看就知道是"名牌"产品,怎么也看不出有什么不对的地方。再经仔细查看后,发现散热器小了点,好像是一个假冒产品。又拿来几个同型号风扇比较,发现"名牌"比真品小了一圈。于是,买了一个新的真品风扇换上后,故障消失。

 活动 **5** 主板常见故障诊断和排除

主板是 PC 电脑中集成度最高的配件产品,也是最易出现故障的配件之一。较高的集成度使其维修起来相当麻烦,可维修性越来越低,维修主板的难度也越来越大,往往需要借助专门的数字检测设备才能完成。不过很多时候由主板引起的电脑故障是很容易解决的,只要用户掌握了好的方法,维修起来并不困难。

一、主板故障的分类

一般情况下,用户可以将主板故障分为四类:

第一类是根据对电脑的影响可分为非致命性故障和致命性故障。非致命性故障也发生在系统上电自检期间,一般给出错误信息;致命性故障发生在系统上电自检期间,一般导致系统死机。

第二类是根据影响范围不同可分为局部性故障和全局性故障。局部性故障指系统某一个或几个功能运行不正常,如主板上打印控制芯片损坏,仅造成联机打印不正常,并不影响其他功能;全局性故障往往影响整个系统的正常运行,使其丧失全部功能,例如时钟发生器损坏将使整个系统瘫痪。

第三类是根据故障现象是否固定可分为稳定性故障和不稳定性故障。稳定性故障是由于元器件功能失效、电路断路、短路引起,其故障现象稳定重复出现;而不稳定性故障往往是由于接触不良、元器件性能变差,使芯片逻辑功能处于时而正常、时而不正常的

临界状态而引起。如由于 I/O 插槽变形,造成显示卡与该插槽接触不良,使显示呈变化不定的错误状态。

第四类是根据影响程度不同可分为独立性故障和相关性故障。独立性故障指完成单一功能的芯片损坏;相关性故障指一个故障与另外一些故障相关联,其故障现象为多方面功能不正常,而其故障实质为控制诸功能的共同部分出现故障引起(例如软、硬盘子系统工作均不正常,而软、硬盘控制卡上其功能控制较为分离,故障往往在主板上的外设数据传输控制即 DMA 控制电路上)。

149

二、主板常见故障诊断和排除

1. 开机黑屏类故障

微机开机无显示,首先用户需要考虑的是 BIOS。主板的 BIOS 中储存着重要的硬件数据,也是主板中比较娇嫩的部分,极易受到破坏,一旦受损就会导致系统无法运行,出现此类故障一般是因为主板 BIOS 被 CIH 病毒破坏造成(当然也不排除主板本身故障导致系统无法运行)。一般 BIOS 被病毒破坏后硬盘里的数据将全部丢失,所以我们可以通过检测硬盘数据是否完好来判断 BIOS 是否被破坏,如果硬盘数据完好无损,那么还有三种原因会造成开机黑屏的现象:

(1)因为主板扩展槽或扩展卡有问题,导致插上诸如声卡等扩展卡后主板没有响应而无显示。

(2)对于现在的免跳线主板而言,如若在 CMOS 里设置的 CPU 频率不对,也可能会引发不显示故障,对此,只要清除 CMOS 即可予以解决。清除 CMOS 的跳线一般在主板的锂电池附近,其默认位置一般为 1、2 短路,只要将其改跳为 2、3 短路,几秒钟即可解决问题,对于以前的旧主板如若用户找不到该跳线,只要将电池取下,待开机显示进入 CMOS 设置后再关机,将电池安装上去亦达到 CMOS 放电之目的。

(3)主板无法识别内存、内存损坏或者内存不匹配也会导致开机无显示的故障。某些旧主板比较挑剔内存,一旦插上主板无法识别的内存,主板就无法点亮,甚至某些主板不给用户任何故障提示(鸣叫),使用户在检修时走了许多弯路;当然也有的时候为了扩充内存以提高系统性能,结果插上不同品牌、类型的内存同样会导致此类故障的出现,因此在检修时,应多加注意。

对于主板 BIOS 被破坏的故障,用户可以插上 ISA 显卡看有无显示(如有提示,可按提示步骤操作即可),倘若没有开机画面,用户可以自己做一张自动更新 BIOS 的软盘,重新刷新 BIOS,但有的主板 BIOS 被破坏后,软驱根本就不工作,此时,可尝试用热插拔法加以解决。但采用热插拔除需要相同的 BIOS 外还可能会导致主板部分元件损坏,所以可靠的方法是用写码器将 BIOS 更新文件写入 BIOS 里面(可找有此服务的电脑商解决比较安全)。

对于主板损坏的故障,有的可能是因为主板用久后电池漏液导致电路板发霉(针对以前的旧主板而言),使得主板无法正常工作,对此用户可以对其进行彻底清洗看能否解决问题,此方法还对主板各插槽的接触不良同样有效。

2. CMOS 类故障

故障现象 1　电脑频繁死机，在进行 CMOS 设置时也会出现死机现象。

故障原因　一般是主板设计散热不良或者主板 Cache 有问题引起的。

解决方案　如果因主板散热不够好而导致该故障，可以在死机后触摸 CPU 周围主板元件，用户会发现其温度非常烫手，在更换大功率风扇之后，死机故障即可解决。

如果是 Cache 有问题造成的，用户可以进入 CMOS 设置，将 Cache 禁止后即可。当然，Cache 禁止后，机器速度肯定会受到有影响。如果按上法仍不能解决故障，那就是主板或 CPU 有问题，只有更换主板或 CPU 了。

故障现象 2　CMOS 参数丢失，开机后提示"CMOS Battery State Low"，有时可以启动，使用一段时间后死机。

故障原因　这种现象大多是 CMOS 供电不足引起的。

解决方案　如果是焊接式电池，用户可以用电烙铁重新焊上一颗新电池即可；如果是钮扣式电池，可以直接更换；如果是芯片式电池，用户可以更换此芯片，最好采用相同型号芯片替换。

如果更换电池后，时间不长又出现同样现象，那么很可能是主板漏电，用户可以检查主板上的二极管或电容是否损坏，也可以跳线使用外接电池。

故障现象 3　CMOS 设置不能保存。

故障原因　一般是由于主板电池电压不足造成。

解决方案　更换电池即可。如果有的主板电池更换后，还不能解决问题，用户应该检查主板 CMOS 跳线是否有问题，有时候因为将主板上的 CMOS 跳线错设为清除选项，或者设置成外接电池，也会使得 CMOS 数据无法保存。如果不是以上原因，则可以判断是主板电路有问题，建议用户找专业人员维修。

3. I/O 设备运行不正常故障

故障现象 4　主板 COM 端口或并行口、IDE 端口失灵。

故障原因　一般是由于用户带电插拔相关硬件造成。

解决方案　可以用多功能卡代替。但在代替之前，必须先禁止主板上自带的 COM 端口与并行口，注意有的主板连 IDE 端口都要禁止，方能正常使用。

故障现象 5　主板上键盘接口不能使用。

接入键盘、开机自检时，出现提示"Keyboard Interface Error"后死机，拔下键盘，重新插入后又能正常启动系统，使用一段时间后键盘无反应。

故障原因　多次拔插键盘，引起主板键盘接口松动。

解决方案　拆下主板用电烙铁重新焊接好即可。如果是带电拔插键盘，引起主板上一个保险电阻断了（在主板上标记为 Fn 的器件），换上一个 1 Ω/0.5 W 的电阻即可。

4. 电源类故障

故障现象 6　电源开关或"RESET"键损坏。

开机后，过几秒钟就自动关机。

故障原因　现在许多机箱上的开关和指示灯，耳机插座、USB 插座的质量太差。如果"RESET"键按下后弹不起来,加电后因为主机始终处于复位状态,所以按下电源开关后,主机会没有任何反应,和不通电一样,因此电源灯和硬盘灯不亮,CPU风扇不转。

解决方案　打开机箱,修复电源开关或"RESET"键。主板上的电源多为开关电源,所用的功率管为分离器件,如有损坏,只要更换功率管、电容等即可。

故障现象 7　主板上的保险电阻熔断。

出现找不到键盘鼠标、USB 移动设备不能使用等现象。

故障原因　主板上的保险电阻熔断。

解决方案　判别的方法也很简单,使用万用表的电阻挡测量其通断性。如果的确是保险电阻熔断,可使用 0.5 Ω 左右的电阻代替。

故障现象 8　电源功率不够机器配置为 nForce2 主板、AthlonXP1700＋(超频至 2400＋)CPU,每次开机总要反复按几次"Power"键,才能点亮计算机,有时候还在检测硬盘时就停滞了,重启一次通常可以解决问题。

故障原因　AthlonXP2400＋的功率已达到 70 W,而 nForce2 主板的电路设计对电源的稳定性要求非常高。

解决方案　更换名牌大功率的电源,即可排除故障。劣质电源,会对电脑的各个配件造成很大伤害。建议使用 nForce2 主板的玩家,准备一个 300～350 W 的名牌电源(如长城、大水牛、航嘉等)。

5. 硬件兼容性故障

故障现象 9　主板与显示器不兼容。

电脑配置为精英 P6ISA-Ⅱ 主板(i815E 芯片组)、三星 750S 显示器,安装完驱动程序之后,当开机时显示器出现横纹,重新启动后显示器居然不显像了。改用替换法依次更换了所有配件,发现当采用 P6ISA-Ⅱ 主板与三星 750S 显示器配机时,故障就会出现,而如果用此块主板与其他显示器相配,故障不会出现。

故障原因　主板与显示器不兼容。

解决方案　更换主板或显示器即可解决问题。

故障现象 10　主板与显卡驱动不兼容。

电脑主要配置为联想 SX2EP 主板(i815EP)、UNIKA 速配 1500 显卡。装机、格式化硬盘及安装系统都一切正常。但当安装完驱动程序之后出现了以下故障:电脑关机不正常,从"开始"菜单点击"关闭电脑"后,关机画面迟迟不肯离开屏幕,接着电脑竟自行启动。如果先装显卡驱动,关机正常;装完主板驱动后,电脑关机时会自动重启。

故障原因　主板与 UNIKA 速配 1500 的驱动程序不兼容。

解决方案　更换主板或者显卡,故障即可顺利解决。

故障现象 11　主板与内存不兼容,电脑使用 nForce2 主板,加了一条 256 MB King-max DDR400(TinyBGA 封装)内存,与原来的内存组成了双通道模式,但加了内存后,系统变得很不稳定,玩游戏时会不定期的自动重启或死机。

故障原因　nForce2 主板对内存比较挑剔,另外,Kingmax 内存和诸多主板都存在着不兼容的问题。

解决方案 nForce2 主板与 Kingston 的 DDR333（Infenion 颗粒）、DDR400（Winbond 颗粒）以及三星的原装内存，配合得较好，建议安装此类内存。

 **活动 6 内存条常见故障诊断和排除**

一、内存条常见故障诊断和排除

内存条是电脑的核心部件之一，其性能的好坏与否直接关系到计算机是否能够正常稳定的工作，由于内存条直接与 CPU 和外部存储器交换数据，其使用频率相当高。同时内存也是电脑故障的主要来源，内存故障带来的后果不容忽视。

1. 打磨过的内存条导致电脑无法开机

故障现象 一台电脑配置为：PⅢ 800EB、VIA 694X 主板、Hynix 128 MB PC133 内存条。添加了一条 128 MB 的 Hynix PC133 内存条后，显示器黑屏，电脑无法正常开机，拔下该内存条后故障消失。

解决方案 经过检查，发现新内存条并无问题，在别的电脑上可以正常使用，但只能工作在 100 MHz 的外频下，根本无法在 133 MHz 下使用。为使用该内存条，不得不在 BIOS 的内存设置项中设置异步工作模式。该内存条芯片上的编号标志为"-75"，应该为 PC100 的内存条，但芯片上的字迹较为模糊，极有可能是从 -7K 或 -7J 的内存 Remark（打磨）而来，自然无法在 133 MHz 外频下工作。因此消费者在选购内存条的时候要注意不要购买 Remark 的内存条。

2. 内存条不兼容导致容量不能正确识别

故障现象 一台品牌机，配置为：PⅢ 800、i815E 主板、Hynix 128 MB 内存条，后来添加了一根日立 128 MB 内存条，但主板认出的内存总容量却只有 128 MB。

解决方案 经过测试，在该电脑上，两条内存可分别独立使用，但一起用时只能认出 128 MB，可知这两条内存条间存在兼容性问题，后来把新添加的内存条更换为采用 Hynix 芯片的内存条后故障得到解决。由于电气性能的差别，内存条之间有可能会有兼容性问题，该问题在不同品牌的内存条混插的环境下出现的几率较大。因此，使用两条或两条以上内存条时应该尽量选择相同品牌和型号的产品，这样可以最大限度地避免内存条不兼容的现象。如果无法购买到与原内存条相同的产品时，应尽量采用市场上口碑较好的品牌内存条，它们一般都经过严格的特殊匹配及兼容性测试，在元件、设计和质量上也能达到或超过行业标准。当然并不是所有的品牌内存条都具有良好的兼容性。

3. 内存条与主板插槽接触不良、内存控制器出现故障

故障现象 电脑无法正常启动，打开电脑主机电源后机箱报警喇叭出现长时间的短

声鸣叫，或是打开主机电源后电脑可以启动但无法正常进入操作系统，屏幕出现"Error：Unable to ControlA20 Line"的错误信息后并死机。

解决方案　以上故障多数是由于内存与主板的插槽接触不良引起，处理方法是打开机箱后拔出内存，用酒精和干净的纸巾或橡皮擦拭内存的金手指和内存插槽，并检查内存插槽是否有损坏的迹象，擦拭检查结束后将内存重新插入，一般情况下问题都可以得到解决，如果还是无法开机则将内存拔出插入另外一条内存插槽中测试，如果此时问题仍存在，则说明内存已经损坏，只能更换新的内存条。

153

4. Windows 运行速度明显变慢，系统出现许多有关内存出错的提示

故障现象　这类故障一般是由于在 Windows 下运行的应用程序非法访问内存、内存中驻留了太多应用程序、活动窗口打开太多、应用程序相关配置文件不合理等，该现象均可以使系统的速度变慢，更严重的甚至出现死机。

解决方案　这种故障的解决必须采用清除内存驻留程序、减少活动窗口、调整配置文件（INI），如果在运行某一程序时出现速度明显变慢，那么可以通过重装应用程序的方法来解决，如果在运行任何应用软件或程序时都出现系统变慢的情况，那么最好的方法便是重新安装操作系统。

5. 一台 64 位 AMD 速龙 3000＋处理器的新装兼容机，开机后没多长时间便死机，再次启动便能够正常运行，怀疑内存有问题

故障现象　开机后没多长时间便死机，再次启动便能够正常运行。

解决方案　此类故障也多发于内存条，打开机箱发现，虽然使用了两条相同型号的内存，但内存条插在 DIMM1 与 DIMM2 两个插槽中，并没有打开双通道功能，由于 AMD 64 位速龙处理器内建了双通道功能，会不会是未启用双通道而造成的呢？于是将一条内存取下换到 DIMM3 插槽中，打开了内存的双通道功能，开机测试，问题解决。

另外，由内存引起的电脑经常死机故障一般是由于采用了几种不同型号的内存条，由于各内存条速度不同而产生一个时间差从而导致死机。对此可以在 CMOS 设置内降低内存速度予以解决，否则，唯有使用同型号内存。还有一种可能就是内存条与主板不兼容，此类现象一般少见，另外也有可能是内存条与主板接触不良引起电脑随机性死机。像以上这种故障表现倒是比较少见。

二、诊断并排除内存条问题的一般步骤

（1）将 BIOS 恢复到出厂默认设置，然后开机测试。

（2）如果故障依旧，就打开主机，卸下内存条，清洁内存条、主板上的灰尘，并检查内存条是否与内存插槽接触不良，然后重新开机测试。

（3）如果故障依然没有排除，就用橡皮擦拭内存的金手指，擦拭干净后，装好，开机测试。

（4）如果故障还是没有排除，就把内存条插到另一内存插槽上，开机测试，如果故障消失，说明是原来的内存插槽有问题。

（5）如果故障依旧，就把一根好的内存条插到原来的内存插槽上，开机测试，如果故

障消失,说明是原来的内存条有问题;更换内存条。

根据笔者多年的工作经验,内存的问题主要是内存条与内存插槽接触不良,或内存条、内存插槽上有灰尘造成的。

 活动 **7** 显卡常见故障诊断和排除

显卡又称为视频卡、视频适配器、图形卡、图形适配器和显示适配器等。它是主机与显示器之间连接的"桥梁",作用是控制电脑的图形输出,负责将 CPU 送来的影像数据处理成显示器能够识别的格式,再输入到显示器形成图像。显卡主要由显示芯片(即图形处理芯片 Graphic Processing Unit)、显存、数模转换器(RAMDAC)、VGABIOS、各方面接口等几部分组成。

一、显卡常见故障的分类

显示卡故障是用户在使用电脑过程中经常遇到的问题。一般来说,显示卡故障都会伴随有黑屏等其他问题出现,这也为用户的检修造成了麻烦。一出现黑屏,可能会让大多数用户束手无策,除了把电脑搬到电脑城维修,难道就没有更好的解决方案了么? 其实很多显示卡小故障只要用户自己动手就可以解决的,根据笔者多年使用电脑经验,显示卡故障主要有以下几类:

1. 接触不良性故障

由于显卡或主板沾染过多灰尘或者显卡的金手指被氧化造成的故障。

2. 显卡元器件性故障

显卡被损坏或者显卡本身存在着质量问题引起故障。

3. 显卡散热性故障

显卡芯片工作时也会产生大量的热量,若显卡的散热条件不好,采用劣质的散热风扇,以致积累一些灰尘无法及时散热而导致显卡过热,影响显卡工作的稳定性。

4. CMOS 设置不合理性

在 CMOS 中对显卡的相关设置一旦不合理,就会引起故障。

5. 兼容性故障

主要是主板的与显卡的不兼容性引起的故障。

6. 显卡的显存故障

由于显存老化、质量不好或虚焊引起电脑死机。

7. 显卡工作电压不稳定性故障

显卡在工作时没有达到其正常工作电压标准,过高或过低都会造成显示故障。

8. 显卡超频性故障

超频后可以提高显卡的性能,但也会引起电脑故障。

二、显卡常见故障诊断和排除

1. 显示卡接触不良

故障原因 显示卡接触不良是导致显示卡不能稳定工作的原因之一,而出现接触不良主要是由以下的四种原因造成的。第一,不少价格低廉的主板的 AGP 插槽用料不是很好,AGP 槽不但不能和显示卡 PCB 紧密接触,有的主板还省略 AGP 插槽的卡子,这就让用户的显示卡在插槽中有了松动的空间。其次,就是在安装显示卡的过程中,一些劣质的机箱背后挡板的空挡不能和主板 AGP 插槽对齐,在强行上紧显示卡螺丝以后,过一段时间可能导致显示卡的 PCB 板变形,这是 AGP 显示卡和插槽接触不良的另外一个原因。再次就是用户通常谈到的显示卡"金手指"本身的问题。不少劣质的显示卡的金手指上的镀层金属厚度不够,在多次插拔显示卡后,镀层金属已经脱落,导致显示卡的金手指在潮湿的空气中氧化。最后一种情况就是灰尘在 AGP 插槽周围堆积,使得显示卡金手指和主板的接触出现问题。随着大功率的显示卡风扇的出现,这个问题已经出现得越来越频繁了。

解决方案 针对接触不良的显示卡,如果根据判断发现是显示卡在尺寸上和机箱不能"兼容",只要尝试去松开显示卡的螺丝就可以了。如果用户担心电脑在使用过程中会遇到撞击、移动而导致电脑运行产生问题,那么用户可以使用宽胶带将显示卡挡板固定在它的位置,如果还不放心就把显示卡两边的机箱都装上,把显示卡的挡板夹在中间。如果用户的显示卡金手指遇到了氧化问题,那么解决的时候可能要麻烦许多,首先用户要使用绘图橡皮把金手指上的锈渍除掉,如果清除以后用户的显示卡能够正常工作,那么用户是幸运的,如果显示卡还不能正常的工作,用户就需要使用除锈剂清洗金手指,然后在金手指上轻轻的敷上一层焊锡,以增加金手指的厚度,注意不要让相邻的金手指之间短路。

2. 显示花屏,看不清字迹

故障原因 1 此类故障多为显示器或者显卡不能够支持高分辨率,显示器分辨率设置不当造成的。

解决方案 花屏时可切换启动模式到安全模式,重新设置显示器的显示模式即可。

故障原因 2 显示卡与中文系统相冲突。

故障现象 此种情况在退出中文系统时就会出现花屏,随意击键均无反应,类似死机。

解决方案 此时输入"MODEC080"可得到解决。

故障原因 3 显示卡的主控芯片散热效果不良,也会出现花屏现象。

解决方案 调节改善显卡风扇的散热效能。

故障原因 4 显存损坏。当显存损坏后,在系统启动时就会出现花屏混乱字符的现象。

解决方案 更换显存,或者直接更换显卡。

3. 电脑突然死机

故障原因 相对花屏而言,死机的原因会更复杂一些,判断起来就更有难度。对于突然死机的情况,故障原因会有很多情况,可能是散热不良、设备不匹配、软硬件不兼容;或者内存故障、硬盘故障等;就显卡而言,一般多见于主板与显卡的不兼容,主板与显卡接触不良;或者显卡和其他扩展卡不兼容也会出现突然死机的情况。

解决方案 软件方面,如果是在玩游戏、处理 3D 时才出现花屏、停顿、死机的现象那么在排除散热问题之后可以先尝试着换一个版本的显卡驱动,同时建议使用通过 WHQL 认证的驱动,因为显卡驱动与程序本身不兼容的原因或驱动存在 BUG 可能性确实也是很常见的。

硬件方面,假如一开机就显示花屏、死机的话则先检查显卡的散热问题,用手摸一下显存芯片的温度,检查显卡的风扇是否停转。再看主板上的 AGP/PCIE 插槽里是否有灰,金手指是否被氧化了,然后根据具体情况清理灰尘,用橡皮擦擦一下金手指,把氧化部分擦亮。假如散热有问题的话就换个风扇或在显存上加装散热片,或者进入 BIOS 查看电压是否稳定。

对于长时间停顿或是死机、花屏的现象,在排除超频使用的前提下,一般是电源或主板插槽供电不足引起的,建议可更换电源。现在显卡已经属于高频率、高温度、高功耗的产品了,对电源的要求也随之加大。建议有条件的用户购买时注意查看计算实际输出功率,最好不要买杂牌电源。

4. 开机无显示

故障原因 此类故障一般是因为显卡与主板接触不良或主板插槽有问题造成的。对于一些集成显卡的主板,如果显存共用主内存,则需注意内存条的位置,一般在第一个内存条插槽上应插有内存条。由于显卡原因造成的开机无显示故障,开机后一般会发出一长两短的蜂鸣声。

解决方案 打开机箱,把显卡重新插好即可。要检查 AGP/PCIE 插槽内是否有小异物,否则会使显卡不能插接到位;对于使用语音报警的主板,应仔细辨别语音提示的内容,再根据内容解决相应故障。

如果以上办法处理后还报警,则可能是显卡的芯片坏了,更换或修理显卡。如果开机后听到"嘀"的一声自检通过,显示器正常但就是没有图像,把该显卡插在其他主板上,使用正常,那就是显卡与主板不兼容,应该更换显卡。

5. 屏幕出现异常杂点或图案

故障原因 1 常见的有显卡与主板接触不良造成屏幕出现异常杂点或图案的情况。

解决方案 对于这种由于金手指接触不良造成的异常情况,可以清洁一下显示卡的金手指,然后重新插上试试。

故障原因 2 还有一种情况就是显卡质量问题可造成这种异常情况的出现,如显存或者显示核心出现问题等。

解决方案 在显示卡工作一段时间后(特别是在超频的情况下),温度升高,造成显示卡上的质量不好的显示内存、电容等元件工作不稳定而出现问题。如果用户的电脑是超频状态下(有些用户可能是 CPU 和显示卡同时超频)而出现问题,建议还是降回来。

6. 显卡驱动程序丢失

故障原因 1　此类问题在 DIY 机器中比较常见,主要原因是显卡与主板不兼容,会经常出现开机驱动程序丢失,图标变大,要不就是死机、花屏等问题。

解决方案　可以先尝试更新显卡驱动程序,如果问题不能得到解决,可以尝试刷新显卡和主板的 BIOS 版本,但是刷新 BIOS 有一定风险,要在刷新前做好备份工作。

故障原因 2　还有一类特殊情况,以前能载入显卡驱动程序,但在显卡驱动程序载入后,进入 Windows 时出现死机。

解决方案　可更换其他型号的显卡在载入其驱动程序后,插入旧显卡予以解决。如若还不能解决此类故障,则说明注册表故障,对注册表进行恢复或重新安装操作系统即可。

157

模块 3.2 软件系统维护

一、项目描述

以杀毒软件、防火墙软件、Ghost 软件和 Windows 优化大师、魔方软件为载体,要求学生在计算机组装与维护强化实训室中学习完成软件系统维护任务,从而培养学生的软件系统维护的能力,有助于学生将来在计算机维护工程师岗位的就业。

二、教学目标

1. 能正确识别病毒的主要现象;
2. 能熟练安装杀毒软件;
3. 能正确使用杀毒软件对计算机中软件资源进行杀毒操作;
4. 能熟练安装防火墙软件;
5. 能正确使用防火墙对计算机进行防护操作;
6. 能熟练安装 Ghost 软件;
7. 能正确使用 Ghost 软件对计算机系统进行备份与恢复的操作;
8. 能熟练安装 Windows 优化大师软件;
9. 能正确使用 Windows 优化大师软件对计算机系统进行系统检测、设置的操作;
10. 能正确诊断常见的软件故障现象,并使用相应的修复方法。

三、教学资源

1. 计算机组装与维护强化实训室;
已经组装完成的计算机 40 台。
2. 杀毒软件、防火墙软件、Ghost 软件、Windows 优化大师软件光盘各 20 张;
3. 带病毒的 U 盘 10 个。

四、教学组织

三人一组进行理论实践一体化教学。

五、教学任务分解及课时分配

教学阶段	相关知识	活动设计（讲解、示范、组织、指导、安排、操作）	课时
应用软件概述	1. 病毒及病毒的防治 2. 防火墙的应用 3. 系统优化、系统备份和恢复	1. 讲解计算机中病毒后的典型现象和如何防治计算机病毒 2. 讲解主流防火墙软件的应用 3. 讲解主流备份和恢复软件的应用 4. 讲解系统优化软件的必要性	2
应用软件的安装和常用操作	杀毒软件的病毒安装和常用操作	1. 教师示范杀毒软件的操作 2. 教师在计算机上故意复制一些带病毒的文件 3. 学生查杀病毒 4. 教师指导学生正确使用杀毒软件	4
	1. 防火墙的应用 2. Ghost 的使用 3. 优化大师的使用	1. 教师示范防火墙软件的操作、指导学生正确配置和使用防火墙软件 2. 教师示范操作、指导学生正确使用 Windows 优化大师软件主要的功能软件 3. 教师示范 Ghost 软件主要的操作、指导学生正确使用 Windows 优化大师软件 4. 以上过程，教师示范、学生安装、教师指导。每人一台计算机，保证人人都有动手实训的机会	
检查评定	软件的安装和使用	检查学生是否能正确安装、设置和使用杀毒软件、防火墙软件、Ghost 软件、优化大师软件；如果不能正确安装、设置和使用这些软件，应分析和找出相应的原因，由教师示范，直到学生能正确完成	2

六、评价方案

评价指标	评价标准	评价依据	权重	得分
杀毒软件的安装	A. 杀毒软件安装正确 B. 杀毒软件安装基本正确 C. 不会安装杀毒软件	杀毒软件的安装结果	25	
防火墙的安装	A. 防火墙安装正确 B. 防火墙安装基本正确 C. 不会安装防火墙	防火墙的安装结果	25	
备份和恢复软件的安装	A. 备份和恢复软件安装正确 B. 备份和恢复软件安装基本正确 C. 不会安装备份和恢复软件	备份和恢复软件的安装结果	20	
系统优化软件的安装	A. 系统优化软件安装正确 B. 系统优化软件安装基本正确 C. 不会安装系统优化软件	系统优化软件的安装结果	20	
态度	A. 能认真、仔细、沉着、冷静观察计算机部件 B. 不能认真、仔细、沉着、冷静观察计算机部件	操作过程	10	

活动 1　了解几种免费的杀毒软件

杀毒软件已成为个人电脑必备的装机软件之一,但现在大部分杀毒软件都是需要付费购买的商业软件,这对习惯于"免费午餐"的国人来说是一件遗憾事。但幸运的是,市面上还是出现了一批优秀的免费杀毒软件,其性能甚至丝毫不亚于付费杀毒软件。这些免费杀毒软件既能帮助用户很好地清理、防御电脑病毒,还可以让用户坦然地使用正版杀毒软件。下面就为大家介绍 7 款功能强大的免费杀毒软件。

一、Dr. Web Cureit

Dr. Web,全名 Dr. Web Antivirus for Windows,即鼎鼎大名的"大蜘蛛",这是一款俄罗斯出品的功能强大的杀毒防毒工具,采用新型的启发式扫描方式,提供多层次的防护方式,紧紧地和用户的操作系统融合一起,拒绝接纳任何包含恶意的代码进入用户的电脑,比如病毒、蠕虫、特洛伊木马以及广告软件、间谍软件等。一种新型的基因式扫描杀毒软件。可以预防并清除 240 000 种以上的病毒及特洛伊木马,其中包括各种高复杂多变异型的病毒。曾在 1994 年作为第一个可以根除 OneHalf 病毒的杀毒软件而享誉欧洲。Dr. Web 可以对各类病毒做出最快速的反应,并进行隔离和清除,并且系统资源控制完美。

它是由俄罗斯国家科学院合作开发的,供军方和克里姆林宫专用。它是一种新型的基因式扫描杀毒软件,占用内存很少。可以说是最强的引擎,对付变种病毒和木马最好。它可以清除加密 XTA 算法、清除极其复杂的病毒。它所采用的引擎是自己开发的世界五大杀毒引擎之一,其引擎构架和核心技术先进性高出卡巴斯基、麦咖啡、诺顿、西班牙熊猫 PANDA 等其他四大引擎一大截。同时,引擎改进的余地相当大!

目前推出了免费简体中文版的 Dr. Web Cureit 具有所有单机版特性,只是不能在线升级以及没有监控(仅有扫描器,即 Scanner),版本为 4.44 绿色版本,可以作为辅助杀毒软件使用。

二、Comodo Anti Virus

Comodo Anti Virus 是自动检测、杀除各种流行电脑病毒、蠕虫、木马的免费杀毒软件,支持定向检测、邮件扫描、进程监控和蠕虫屏蔽等。它是一款免费软件,不支持 Windows 9x 系统。美中不足的是它的界面是英文的。

三、360 安全卫士

360 安全卫士是一款由奇虎公司推出的完全免费的安全类上网辅助工具软件,它拥有查杀恶意软件、插件管理、病毒查杀、诊断及修复、保护等数个强劲功能,同时还提供弹出插件免疫,清理使用痕迹以及系统还原等特定辅助功能。并且提供对系统的全面诊断报告,方便用户及时定位问题所在,为用户提供全方位系统安全保护。

四、Avira AntiVir Personal(小红伞)

Avira AntiVir Personal(小红伞)是一款个人版本的德国著名防病毒、杀毒软件,它能有效地保护个人电脑以及工作站的使用。它可以检测并移除超过 60 万种病毒,支持网络更新。Avira AntiVir 功能很全面,杀毒迅速准确,获过很多奖项。如今病毒横行天下,防毒软件是每台机器都必不可少的,AntiVir 是用户的一个很不错的选择,AntiVir 的可靠性是经过多次对比试验和独立的商业纪录证明了的。

具体功能:

(1) 能准确检测和清除的病毒数超过 60 万种;

(2) 在功能对比测试中各项指标位居前茅;

(3) 实时病毒卫士能时刻监测各种文件操作;

(4) 右键快速扫描杀毒;

(5) 自带防火墙;

(6) 防护大型未知病毒;

(7) 支持网络更新。

五、超级巡警(Anti-Spyware Toolkit)

一款轻松对付熊猫烧香、维金、灰鸽子、我的照片、机器狗、AV 终结者、ARP 病毒、盗号木马等流行病毒的强大杀毒软件,加上业内前沿的系统局部保险箱防御理念,再来一个独一无二的网页杀毒引擎(畅游巡警)。超级巡警对付国内流行病毒尤其是来自网页的威胁堪称一流。在对付熊猫病毒战役中,面对国内外众多杀毒强手,脱颖而出,一战成名。超级巡警是国内第一款完全免费的杀毒软件,"保险箱"技术最初也源自超级巡警,其可以局部保护系统,有针对性地保护用户的账号密码。其可以实现对陌生连接的安全点击,并可以清除网页中的恶意代码而不影响浏览。它有 60 万种病毒、木马特征库,拥有启发预警、主动防御、ARP 防火墙、文件监控等全方位防御体系。其国内应用软件漏洞修补技术可以完美对付 0day 威胁。

六、Avast! Antivirus Home Edition

这就是大名鼎鼎的捷克小 A,赢得过无数荣誉。Avast! Antivirus Home Edition 是一个顶级的防毒解决方案,免费供家庭、非商业用户使用。专为保护用户的宝贵数据和程序而设的,内置 Anti-Spyware、Anti-Rootkit、超强的自我保护功能还可以全自动更新。

Avast! 功能齐备,综合防护,拥有通过 West Coast Labs, Checkmark 认证的 Anti-

161

Spyware(反间谍软件)防护,保护系统能有效对抗层出不穷的间谍软件威胁,扫描引擎还内置采用先进 GMER 技术的 Anti-Rootkit 功能。Avast! 操作简单,自动安装后完全没有后顾之忧。自动增量更新为用户的系统提供实时防护,包括网页浏览防护。Avast! 目前拥有 5 000 万用户,支持更多种 Windows 系统(从 Windows 95 到 Vista)。

七、Clam Win

Clam Win 号称最低功耗的"静音杀毒软件"。它占用资源非常小,以至于用户感觉不到它的存在,是"组合式"杀毒软件使用者的最爱。Clam Win 是一套功能非常优秀的免费防毒软件。它的体积非常娇小,不会占用太多计算机资源,不像其他防毒软件安装之后会拖累整台计算机的速度。而且除了强大的文件与电子邮件防护能力之外,它还拥有全程扫描、在线更新病毒码、及时侦测等功能,与知名防毒软件比起来一点也不逊色!

Clam Win 杀毒软件是一款基于 GPL 许可证的自由软件,它使用同样开源且十分流行的 Clamav 作为引擎。可以说,Clam Win 就是 Windows 版本的 Clam AntiVirus 软件。适用于微软的 Windows98/Me/2000/XP/2003 和 Vista 系统,该软件由志愿者维护。

活动 **2** 2011 年国内最新杀毒软件

一、金山毒霸 2012(猎豹)版(永久免费版)

金山毒霸 2012(图 3.2-1)是世界首款应用"可信云查杀"的杀毒软件,颠覆杀毒软件 20 年传统技术,全面超越主动防御及初级云安全等传统方法,采用本地正常文件白名单快速匹配技术,配合强大的金山可信云端体系,率先实现了安全性、检出率与速度性。

金山毒霸 2012(猎豹)正式版极速轻巧,安装时间不到 10 秒钟,安装包不到 10 MB,内存占用只有 10 MB,首次扫描仅 4 分钟,3 分钟消灭活木马,扫描速度每秒可达 134 个文件。配合中国互联网最大云安全体系,100%鉴定文件是病毒还是正常文件。强大的自动分析鉴定体系使互联网上 95%的新未知文件,在 60 秒内即反馈鉴定结果。应用精确样本收集技术更使文件鉴定的准确率达到了 99%以上!

图 3.2 - 1　金山毒霸 2012（猎豹）主界面

二、瑞星网络版 2010

　　瑞星全功能安全软件 2010 是一款基于瑞星"云安全"系统设计的新一代杀毒软件。其"整体防御系统"可将所有互联网威胁拦截在用户电脑以外。深度应用"云安全"的全新木马引擎、"木马行为分析"和"启发式扫描"等技术保证将病毒彻底拦截和查杀。再结合"云安全"系统的自动分析处理病毒流程，能在第一时间极速将未知病毒的解决方案实时提供给用户。

　　由于瑞星公司更加注重中小企业用户，对个人用户来说，还有很多地方是需要改进的。

三、360 杀毒

　　360 杀毒无缝整合了国际知名的 Bit Defender 病毒查杀引擎，以及 360 安全中心潜心研发的木马云查杀引擎。双引擎的机制拥有完善的病毒防护体系，不但查杀能力出色，而且对于新产生病毒木马能够第一时间进行防御。360 杀毒完全免费，无需激活码，轻巧快速不卡机，误杀率远远低于其他杀毒软件，能为用户的电脑提供全面保护。

　　360 杀毒最大的亮点就是打破了传统杀毒软件的盈利模式，率先推出了完全免费的产品，使许多杀毒软件公司倍感压力，到目前为止，360 杀毒软件已经成为个人微机杀毒软件的首选。图 3.2 - 2 是 360 杀毒软件的主界面。

图 3.2 - 2　360 杀毒的主界面

图 3.2 - 3 是 360 安全卫士的主界面。

图 3.2 - 3　360 安全卫士的主界面

四、江民杀毒王

江民杀毒软件 KV2010 推出后，由于其独具"29 道安全防护"功能，能够防患于未然，得到了众多电脑用户的喜爱。其实，KV2010 除了前置威胁预控和强大的自我保护功能外，其在扫描速度上的突出表现，也得到了众多用户的认可。

江民杀毒软件 KV2010 采用了四大加速技术，指纹加速扫描、超线程扫描技术、创新哈希（Hash）定位技术，新增流行木马"秒杀"技术，迅速定位病毒并清除流行木马及其变种。

作为老牌的杀毒软件商，江民的表现实在有些欠缺，在没有更突出技术特点的情况下只好打优惠牌，但又蹦出了 360 杀毒的终身免费，让江民的处境有些尴尬，好在还有很多忠实用户在支持江民，目前的江民杀毒软件只能算是夹缝中求生存了。

当然，防止病毒重要的不是杀毒软件，而是有良好的使用电脑的习惯，不要让电脑感染上病毒。

没有任何一款杀毒软件是最好的。因为所有的杀毒软件都是滞后于病毒的，只有病毒发作后，才去制作相应的病毒库。

活动 3　使用 Ghost 软件

操作系统：Windows XP，备份工具：GHOST2002。Ghost 软件是大名鼎鼎的赛门铁克公司（Symantec）的又一个拳头软件，GHOST 是"General Hardware Oriented Software Transfer"的英文缩写，意思是"面向通用型硬件传送软件"。下面，笔者就结合自己的体会谈谈 Ghost 软件的使用。

一、了解 Ghost

本书要介绍的是 Ghost 8. x 系列（最新为 8.3），它在 DOS 下面运行，能够提供对系统的完整备份和恢复，支持的磁盘文件系统格式包括 FAT、FAT32、NTFS、ext2、ext3、linux swap 等，还能够对不支持的分区进行扇区对扇区的完全备份。Ghost 8. x 系列分为两个版本，Ghost（在 DOS 下面运行）和 Ghost32（在 Windows 下运行）。两者具有统一的界面，可以实现相同的功能，但是 Windows 系统下面的 Ghost 不能恢复 Windows 操作系统所在的分区，因此在这种情况下需要使用 DOS 版。

二、Ghost 的主要功能

Ghost 工作的基本方法不同于其他的备份软件，它是将硬盘的一个分区或整个硬盘作为一个对象来操作，可以完整复制对象（包括对象的硬盘分区信息、操作系统的引导区信息等），并打包压缩成为一个映像文件（IMAGE），在需要的时候，又可以把该映像文件恢复到对应的分区或对应的硬盘中。它的功能包括两个硬盘之间的对拷、两个硬盘的分区对拷、两台电脑之间的硬盘对拷、制作硬盘的映像文件等，我们用得比较多的是分区备份功能，它能够将硬盘的一个分区压缩备份成映像文件，然后存储在另一个分区硬盘或大容量软盘中，万一原来的分区发生问题，就可以将所备件的映像文件拷回去，让分区恢复正常。基于此，用户就可以利用 Ghost 来备份系统和完全恢复系统。对于学校和网吧，使用 Ghost 软件进行硬盘对拷可迅速方便地实现系统的快速安装和恢复，而且维护起来也比较容易。

三、使用 Ghost 备份主磁盘分区

下面，笔者就详细介绍一下映像文件的制作过程：首先用一张干净的启动盘启动机器到纯 DOS 模式下，并且不加载任何应用程序，执行 Ghost. exe 文件，在显示出 Ghost 主画面后，选择 Local→Partition→To Image，屏幕显示出硬盘选择画面和分区选择画面，请根据需要选择所需要备份的硬盘即源盘（假如只有一块硬盘按回车键即可）和分区名，接着屏幕显示出存储映像文件的画面，用户可以选择相应的目标盘和文件名，默认扩展名为 GHO，而且属性为隐含。接下来用户可以在压缩映像文件的对话框中选择 No（不压缩）、Fast（低压缩比，速度较快）和 High（高压缩比，速度较慢）三者之一，应该根据自己的机器配置来决定，在最后确认的对话框中选择"Yes"后，映像文件就开始生成了，笔者的 C 盘大约使用了 1.2 GB 左右，只用了 13 分钟左右，为了避免误删文件，最好将这个映像文件的属性设定为只读。

四、主磁盘分区的恢复

制作了上述的映像文件，用户就可以放心大胆地试用各种各样的软件，修改 Windows 98 的各种参数，万一有"意外"发生，也能迅速把它恢复成原始状态。可仍旧按照上述方法进入 Ghost 主界面，选择 Local→Partition→From Image，在出现的画面中选择源盘（即存储映像文件的分区如 D：、E：等）和映像文件，在接下来的对话框中选择目标盘（C：），此处一定要注意选择正确，因为一旦确定错误，所有的资料将被全部覆盖，最后选"Yes"，恢复工作就开始了，用户只要耐心地等待大功告成吧，一般恢复时间与备份时间相当，恢复工作结束后，软件会提醒用户重新启动，安装完成。

俗话说得好，"磨刀不误砍柴工"，谁又能保证自己的计算机不出现任何问题呢？用户当然可以在出现问题后，通过各种方法查找故障，运用种种大法恢复正常，但用户所花费的时间和精力将是上述方法的数十倍，有时还不一定奏效。不过，笔者有一点要提醒大家，有关的重要文件和私人文件等最好不要放在主磁盘分区上（因为每一次恢复映像文件都会将原来的所有内容完全覆盖），另外就是在新安装了软件和硬件后，最好重新制作映像文件，否则很可能在恢复后出现一些莫名其妙的错误。

进入 DOS 方法：首先下载虚拟启动软驱，地址：lsuper. 51. com/下载（由于时间问题有可能软件下载地址改变，请用搜索寻找），解压缩下载的 vFLOPPY. RAR 文件到一个目录中，运行其中的 vFLOPPY. EXE，在这里进行简单的设置就可以了：映像文件选择目录下刚解压缩的 BOOTDISK. IMG 文件即可，其他可以不必修改，最后按应用按扭，当提示虚拟启动盘成功建立后就可以了。重启电脑将会出现多重启动菜单，选择由虚拟启动软盘启动，按"Enter"键就可以进入 DOS，它是中文版的。

167

活动 **4**　认识防火墙

一、什么是防火墙

防火墙是指设置在不同网络（如可信任的企业内部网和不可信任的公共网）或网络安全域之间的一系列部件的组合。它是不同网络或网络安全域之间信息的唯一出入口，能根据企业的安全政策控制（允许、拒绝、监测）出入网络的信息流，且本身具有较强的抗攻击能力。它是提供信息安全服务，实现网络和信息安全的基础设施。

在逻辑上，防火墙是一个分离器，一个限制器，也是一个分析器，有效地监控了内部网和 Internet 之间的任何活动，保证了内部网络的安全。防火墙可以是硬件型的，所有数据都首先通过硬件芯片监测，也可以是软件类型，软件在电脑上运行并监控，其实硬件型也就是芯片里固化了的软件，但是它不占用计算机 CPU 处理时间，可以功能做的非常强大处理速度很快，对于个人用户来说软件型更加方便实在。

二、为何需要防火墙

Internet 也受到某些无聊之人的困扰，这些人喜爱在网上做这类的事，像在现实中向其他人的墙上喷染涂鸦、将他人的邮箱推倒或者坐在大街上按汽车喇叭一样。一些人试图通过 Internet 完成一些真正的工作，而另一些人则拥有敏感或专有数据需要保护。一般来说，防火墙的目的是将那些无聊之人挡在用户的网络之外，同时使用户仍可以完成工作。

许多传统风格的企业和数据中心都制定了计算安全策略和必须遵守的惯例。在一家公司的安全策略规定数据必须被保护的情况下，防火墙更显得十分重要，因为它是这家企业安全策略的具体体现。如果用户的公司是一家大企业，连接到 Internet 上的最难做的工作经常不是费用或所需做的工作，而是让管理层信服上网是安全的。防火墙不仅提供了真正的安全性，而且还起到了为管理层盖上一条安全的毯子的重要作用。

最后，防火墙可以发挥你的企业驻 Internet"大使"的作用。许多企业利用其防火墙系统成为保存有关企业产品和服务的公开信息、下载文件、错误修补以及其他一些文件

的场所。这些系统当中的几种系统已经成为 Internet 服务结构（如 UUnet. uu. net、whitehouse. gov、gatekeeper. dec. com）的重要组成部分，并且给这些机构的赞助者带来了良好的影响。

三、防火墙的功能

1. 防火墙是网络安全的屏障

一个防火墙（作为阻塞点、控制点）能极大地提高一个内部网络的安全性，并通过过滤不安全的服务而降低风险。由于只有经过精心选择的应用协议才能通过防火墙，所以网络环境变得更安全。如防火墙可以禁止诸如众所周知的不安全的 NFS 协议进出受保护网络，这样外部的攻击者就不可能利用这些脆弱的协议来攻击内部网络。防火墙同时可以保护网络免受基于路由的攻击，如 IP 选项中的源路由攻击和 ICMP 重定向中的重定向路径。防火墙应该可以拒绝所有以上类型攻击的报文并通知防火墙管理员。

2. 防火墙是强化网络的安全策略

通过以防火墙为中心的安全方案配置，能将所有安全软件（如口令、加密、身份认证、审计等）配置在防火墙上。与将网络安全问题分散到各个主机上相比，防火墙的集中安全管理更经济。例如在网络访问时，一次一密口令系统和其他的身份认证系统完全可以不必分散在各个主机上，而集中在防火墙身上。

3. 对网络存取和访问进行监控审计

如果所有的访问都经过防火墙，那么，防火墙就能记录下这些访问并作出日志记录，同时也能提供网络使用情况的统计数据。当发生可疑动作时，防火墙能进行适当地报警，并提供网络是否受到监测和攻击的详细信息。另外，收集一个网络的使用和误用情况也是非常重要的。首先的理由是可以清楚防火墙是否能够抵挡攻击者的探测和攻击，并且清楚防火墙的控制是否充足。而网络使用统计对网络需求分析和威胁分析等而言也是非常重要的。

4. 防止内部信息的外泄

通过利用防火墙对内部网络的划分，可实现内部网重点网段的隔离，从而限制了局部重点或敏感网络安全问题对全局网络造成的影响。再者，隐私是内部网络非常关心的问题，一个内部网络中不引人注意的细节可能包含了有关安全的线索而引起外部攻击者的兴趣，甚至因此而暴露了内部网络的某些安全漏洞。使用防火墙就可以隐蔽那些透漏内部细节如 Finger、DNS 等服务。Finger 显示了主机的所有用户的注册名、真名、最后登录时间和使用 shell 类型等。但是 Finger 显示的信息非常容易被攻击者所获悉。攻击者可以知道一个系统使用的频繁程度，这个系统是否有用户正在连线上网，这个系统是否在被攻击时引起注意等。防火墙可以同样阻塞有关内部网络中的 DNS 信息，这样一台主机的域名和 IP 地址就不会被外界所了解。

除了安全作用，防火墙还支持具有 Internet 服务特性的企业内部网络技术体系

VPN。通过 VPN,将企事业单位在地域上分布在全世界各地的 LAN 或专用子网,有机地联成一个整体。不仅省去了专用通信线路,而且为信息共享提供了技术保障。

四、防火墙的基本类型

在概念上,有两种类型的防火墙:

(1) 网络级防火墙;

(2) 应用级防火墙。

169

这两种类型的差异并不像用户想像得那样大,最新的技术模糊了两者之间的区别,使哪个"更好"或"更坏"不再那么明显。同以往一样,用户需要谨慎选择满足用户需要的防火墙类型。

网络级防火墙一般根据源、目的地址做出决策,输入单个的 IP 包。一台简单的路由器是"传统的"网络级防火墙,因为它不能做出复杂的决策,不能判断出一个包的实际含意或包的实际出处。现代网络级防火墙已变得越来越复杂,可以保持流经它的接入状态、一些数据流的内容等有关信息。许多网络级防火墙之间的一个重要差别是防火墙可以使传输流直接通过,因此要使用这样的防火墙通常需要分配有效的 IP 地址块。网络级防火墙一般速度都很快,对用户很透明。

网络级防火墙的例子:在这个例子中,给出了一种称为"屏蔽主机防火墙"(Screened Host Fire Wall)的网络级防火墙。在屏蔽主机防火墙中,对单个主机的访问或从单个主机进行访问是通过运行在网络级上的路由器来控制的。这台单个主机是一台桥头堡主机(Bastion Host),是一个可以(希望如此)抵御攻击的高度设防和保险的要塞。

网络级防火墙的例子:在这个例子中,给出了一种所谓"屏蔽子网防火墙"的网络级防火墙。在屏蔽子网防火墙中,对网络的访问或从这个网络中进行访问是通过运行在网络级上的路由器来控制的。除了它实际上是由屏蔽主机组成的网络外,它与被屏蔽主机的作用相似。

应用级防火墙一般是运行代理服务器的主机,它不允许传输流在网络之间直接传输,并对通过它的传输流进行记录和审计。由于代理应用程序是运行在防火墙上的软件部件,因此它处于实施记录和访问控制的理想位置。应用级防火墙可以被用作网络地址翻译器,因为传输流通过有效地屏蔽掉起始接入原址的应用程序后,从一"面"进来,从另一面出去。在某些情况下,设置了应用级防火墙后,可能会对性能造成影响,会使防火墙不太透明。早期的应用级防火墙,如那些利用 TIS 防火墙工具包构造的防火墙,对于最终用户不很透明,并需要对用户进行培训。应用级防火墙一般会提供更详尽的审计报告,比网络级防火墙实施更保守的安全模型。

应用级防火墙举例:这此例中,给出了一个所谓"双向本地网关"(Dual Homed Gateway)的应用级防火墙。双向本地网关是一种运行代理软件的高度安全主机。它有两个网络接口,每个网络上有一个接口,拦阻通过它的所有传输流。

防火墙未来的位置应当处于网络级防火墙与应用级防火墙之间的某一位置。网络级防火墙可能对流经它们的信息越来越"了解"(aware)，而应用级防火墙可能将变得更加"低级"和透明。最终的结果将是能够对通过的数据流记录和审计的快速包屏蔽系统。越来越多的防火墙(网络和应用层)中都包含了加密机制，使它们可以在 Internet 上保护流经它们之间的传输流。具有端到端加密功能的防火墙可以被使用多点 Internet 接入的机构所用，这些机构可以将 Internet 作为"专用骨干网"，无需担心自己的数据或口令被偷看。

 活动 **5** 使用优化大师

一、Windows 优化大师

Windows 优化大师是一款功能强大的系统辅助软件，它提供了全面有效且简便安全的系统检测、系统优化、系统清理、系统维护四大功能模块及数个附加的工具软件。使用 Windows 优化大师，能够有效地帮助用户了解自己的计算机软硬件信息；简化操作系统设置步骤；提升计算机运行效率；清理系统运行时产生的垃圾；修复系统故障及安全漏洞；维护系统的正常运转。

Windows 优化大师的功能相当全面，主要功能为：

1. 提供系统信息

在系统信息中，Windows 优化大师可以检测系统的一些硬件和软件信息，例如：CPU 信息、内存信息等。在更多信息里面，Windows 优化大师提供了系统的详细信息(包括核心、内存、硬盘、网络、Internet、多媒体和其他设备等)。

2. 优化磁盘缓存

提供磁盘最小缓存、磁盘最大缓存以及缓冲区读写单元大小优化；缩短 Ctrl＋Alt＋Del 关闭无响应程序的等待时间；优化页面、DMA 通道的缓冲区、堆栈和断点值；缩短应用程序出错的等待响应时间；优化队列缓冲区；优化虚拟内存；协调虚拟机工作；快速关机；内存整理等。

3. 优化菜单速度

优化开始菜单和菜单运行的速度；加速 Windows 刷新率；关闭菜单动画效果；关闭"开始菜单"动画提示等功能。

4. 优化文件系统

优化文件系统类型；优化 CDROM 的缓存文件和预读文件；优化交换文件和多媒体应用程序；加速软驱的读写速度等。

5. 优化网络

主要针对 Windows 的各种网络参数进行优化,同时提供了快猫加鞭(自动优化)和域名解析的功能。

6. 维护系统安全

功能主要有:防止匿名用户"ESC"键登录;开机自动进入屏幕保护;每次退出系统时自动清除历史记录;启用 Word 97 宏病毒保护;禁止光盘自动运行;扫描和免疫黑客和病毒程序等。另外,还提供了开始菜单;应用程序以及更多设置给那些需要更高级安全功能的用户。进程管理可以查看系统进程、进程加载的模块(DLL 动态连接库)以及优先级等,并且可以终止选中的进程等。

7. 清理注册表

清理注册表中的冗余信息和对注册表错误进行修复。

8. 清理文件

主要功能是:根据文件扩展名列表清理硬盘;清理失效的快捷方式;清理零字节文件;清理 Windows 产生的各种临时文件。

9. 优化开机

主要功能是优化开机速度和管理开机自启动程序。

10. 优化个性化设置和其他

这包括右键设置、桌面设置、Direct X 设置和其他设置功能。其他优化中还可以进行系统文件备份。

二、魔方:全新一代优化大师

魔方:全新一代优化大师,世界首批通过微软官方 Windows 7 徽标认证的系统软件,多项国内顶级奖项,是现在国内用户量第一的 Vista 优化大师和 Windows 7 优化大师的全新一代专业系统级应用软件,功能全面覆盖:Windows 系统优化、设置、清理、美化、安全、维护、修复、备份还原、文件处理、磁盘整理、系统软硬件信息查询、进程管理、服务管理等,魔方内置微软认证数字证书,采用 C++开发,魔方完美支持 64 位和 32 位的 Windows 7、Vista、XP、2008、2003 所有主流操作系统。数十项独家和千余项实用功能,魔方是目前世界范围内执行效率最高的一款顶级综合型系统软件。

1. 魔方:全新一代优化大师主界面(图 3.2-4)

171

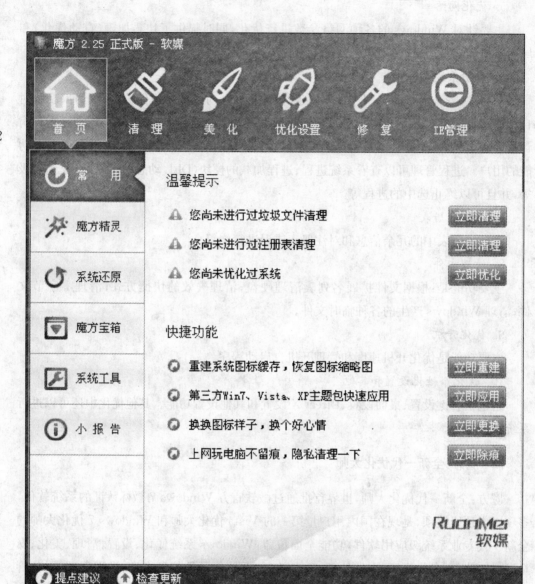

图 3.2 - 4　全新一代优化大师主界面

2. 魔方——清理大师 CleanMaster(图 3.2-5)

极速！稳健！无论是一键清理还是高级自定义扫描清理，魔方把用户的系统维护的干净清爽，注册表垃圾、系统文件垃圾、隐私痕迹、无用字体一扫而光(图 3.2-6)。更有软媒首创的安全瘦身技术(用不到的驱动、壁纸、帮助文件、驱动、示例影音文件、输入法、补丁备份等)，让用户的 C 盘轻松去掉 1~4 GB 空间。而内置的磁盘空间分析功能更可以让用户轻松掌握哪些文件夹或者文件占据了用户的硬盘最大空间。

173

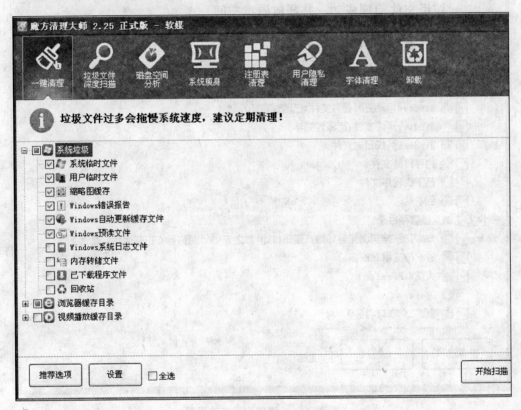

图 3.2-5　清理大师界面

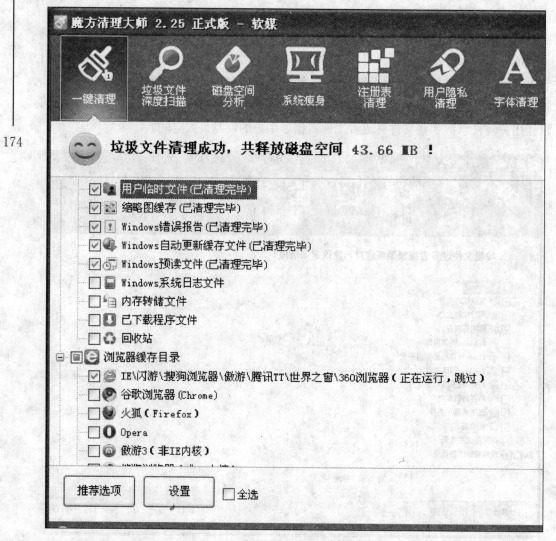

图 3.2 - 6 清理垃圾成功界面

3. 魔方——美化大师 VisualMaster(图 3.2 - 7)

想让用户的开机登录画面与众不同么？想换成超华丽的 Windows 主题包么？想换掉系统所有能看到的图标样式么？想把系统信息都设成用户的个人名字或者公司名字么？想定制右键菜单的内容和背景么？想换掉 Windows 开关机声音么？想控制用户的桌面图标么？想去掉或更改快捷方式的箭头么？想改造用户的开始菜单和任务栏么？

美化大师则可以对桌面设置、开始菜单等进行美化。

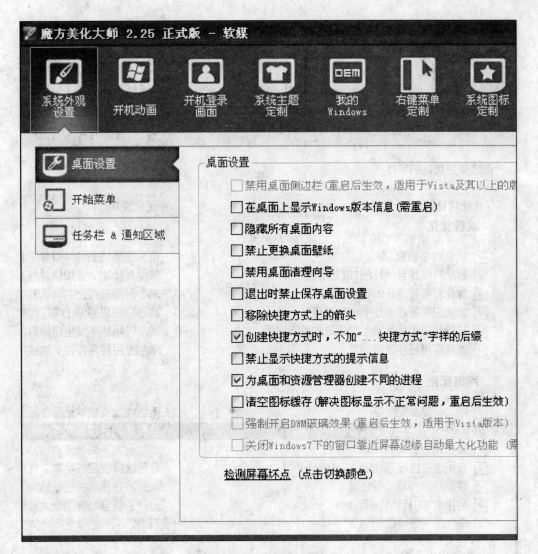

图 3.2－7　美化大师界面

4. 魔方——优化大师 WinMaster(图 3.2－8)

忘掉以前的优化大师吧,因为现在有了新一代的魔方! 随心所欲地进行各项功能设置,让 Windows 运行得更快、更稳、更安全。贴心的提供了一键优化功能,让您把最常用的优化安全稳妥地一步到位。还可以加速开关机、加速上网、对 C 盘系统文件夹搬家、定制系统快捷命令、自动登录 Windows 系统、多系统启动设置、轻松设定阻止任意程序执行……完全超越了原有的 Windows 优化大师,而这只是魔方中的一部分。

图 3.2 - 8　优化大师界面

5. 魔方——修复大师 FixMaster(图 3.2 - 9)

　　系统中了木马病毒? 杀毒后依然有故障? 别怕,超强悍的一键修复来帮助用户,源自微软的技术确保 100% 的安全可靠。更可以一键扫描修复桌面上的流氓顽固图标,浏览器修复、快捷方式修复都是一键搞定。更是内置了系统图标缓存重建和缩略图更新功能,而且可以轻松禁止和恢复系统功能(注册表编辑、任务管理器、运行、命令提示符、隐藏文件选项、搜索服务等)。

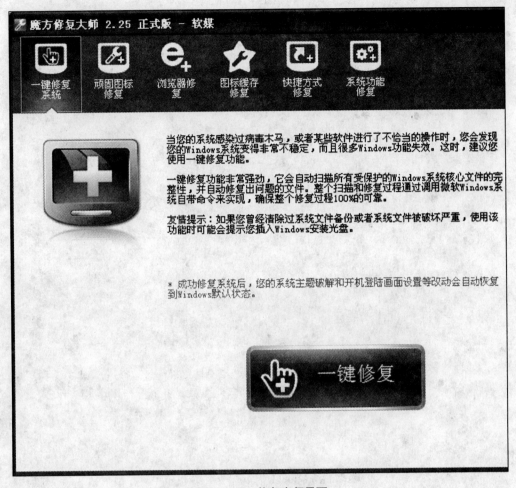

图 3.2-9 修复大师界面

以上的具体操作过程都很简单,在这里就不一一介绍。

图3.7-9 ...

《计算机组装与维护》
课程标准

《计算机组装与维护》课程标准

一、前言

1. 课程性质

本课程是一门重要的公共基础课。通过本课程的学习,使学生掌握计算机硬件安装、选购与维护,软件安装与维护,系统维护,特别是微机的软硬件维护、维修技术。

先修课程有《计算机应用基础》,本课程实用性非常强,特别强调动手操作技能,学习本课程后,学生应能对计算机硬件进行组装和维修,对系统软件、应用软件进行安装和维护,同时也为后续专业课程打下坚实的基础。

2. 设计思路

本课程是依据《计算机组装与维护》工作任务而设置的。随着计算机行业的快速发展,计算机早已应用到各行各业,有计算机的地方,就有对计算机进行组装、维护、维修的需求,所以学好本课程不仅能为后续课程学习打下基础,而且能为今后的就业提供直接的帮助。

本课程是从《计算机组成原理》、《微机原理》课程中沿深开的,是为进一步加强基于工作过程课程改革而设置的,并在工作项目的选择上做了优化,打破主要以知识传授的传统教学模式,转变为以典型工作任务来组织课程,使学生在完成具体项目的过程中学会相关的知识点,拓宽自己的职业能力。为此,本课程应包含以下几个工作典型任务:计算机部件识别、选购及安装;整机安装与常见硬件故障诊断和排除;系统软件、应用软件的安装与常见软件故障诊断和排除。本课程的重点是微机的软硬件安装、维护维修技术。

本课程教学的设计与创新是采用基于工作过程的六个二教学模式:

二、课程教学的设计与创新——七个二的教学思路

传统的教学模式能提供宽厚的理论基础,可持续发展能力较强,但职业学习和职业实践机会少,与就业岗位能力要求存在一定距离;而德国职教模式能针对职业的工作任务进行分析,工作过程与学习过程融为一体,毕业后能够零距离上岗,但岗位针对性太强,转岗能力较弱。

在本课程的教学过程中,改革传统的教学模式,借鉴德国职教模式,汲取这两种模式的精华。应聘请计算机企业的专家和在校的专业教师一起制定课程标准,确定工作典型任务。同时可聘请计算机企业的专家作兼职教师,把真实的职场环境带进课堂。这种以基于行动过程为导向的理念实施教学,以实际工作岗位典型工作任务为学习目标,形成"以工作任务为目标,以行动过程为导向"的课程教学模式,目标明确、过程清晰,不分场

合、不论理实,教学互动、工学结合,有利于培养主动型、创新性和有可持续发展能力的职业人才。其特点是:

- 强调职业工作的整体性,而不是缺乏有机联系的知识点、技能点或能力点;
- 它强调将方法能力、社会能力的培养与专业能力培养融为一体;
- 课程开发时,它强调"工作过程的完整性"而不是"学科完整性"。

1. 两个导向:行动导向和实用导向

《计算机组装与维护》课程的教学应充分体现以行动为导向,以任务为驱动,以项目为载体,以服务专业人才培养为目标的教学模式。例如:在"微机硬件系统常见故障诊断和排除"这个教学模块上,教师应精心进行课堂设计:

- 分组:2～3个学生组成一个小组;
- 教师预设硬件系统常见故障;
- 组内讨论、检查、修复硬件系统故障;
- 对不能检查、修复硬件系统故障的小组,教师应及时指导,帮助学生找出原因,直到小组成员能检查、修复硬件系统故障为止;
- 教师分析总结,归纳出硬件系统故障的原因,给出修复硬件系统故障的最佳方案;
- 最后是评价:组内成员之间的评价、组与组之间的评价、教师评价相结合。

教师在教学过程中,还应处处体现以实用为导向的原则。例如:在"CPU 识别和选购"这个教学模块上,就少讲或不讲 CPU 的内部结构、原理,只要求学生学会识别不同时期、不同类型的 CPU、掌握它们的主要性能指标,并能按用户要求,正确、合理地选购 CPU 就行。

2. 两个结合:动静结合和理实结合

《计算机组装与维护》课程的相关理论或案例是静态的,而出现的故障多种多样,是动态的,即使是相同的故障其发生的原因也可能不同,教师仅仅静态地讲授理论或分析案例,学生是很难排除计算机故障的,因此教师应通过不同案例的分析、讲解,甚至故意设置故障,让学生来分析、解决,从而让学生在听、看、练的动静结合的环境中,不断提高计算机软硬件维护、维修技能。

同时,计算机软、硬件发展日新月异,如果一味地课堂讲授,学生对于本课程的学习只能局限在抽象的理论之中,这样就很容易导致理论教学和实验教学脱节,当遇到具体的软硬件故障时,学生放不开手脚、不敢动手,即使敢于动手,由于缺乏实训,也会操作不当,这样不但没有排除故障,反而带来更大的软硬件故障,所以应理实结合、边讲边练,学生通过与教师的互动,在讲的过程中学习理论,在实训的过程中提高技能。

3. 两种情境:实物情境和实景情境

情景,以景为基础,以景为媒介,来激起情感或激发兴趣;情境,个体行动时所处的特殊背景(包括机体本身和外界环境因素)。正所谓:无我之"境"谓之"景",有我之"景"谓之"境"。

对于低年纪的学生来说,计算机组装与维护的理论知识比较抽象,如果第一次课在教室上,从计算机的发展讲授到各种硬件的内部结构、组成原理,学生看不见、摸不着,仅凭想象就掌握这些知识是非常困难的。为了提高学生的学习兴趣,第一次课应安排学生参观学习计算机组装与维护实训室,将各种机器及相关硬件按历史、种类等分类,学生通过参观学习,从了解一个硬件到了解一台机器,从了解一台机器了解到整个计算机的发展史,整个教学过程在现场参观、课堂讨论、课堂提问、课堂回答,并给出一些开放性的问题让学生课后研究中完成。这样通过实物情境与实景情境结合的讨论式、研究性的教学思路,加上图文并茂的多媒体展示来提高学生学习本课程的积极性。

4. 两种环境:普通环境和强化环境

由于整个教学过程注重实用性,基本上都是以实际操作为主,所以整个教学环节的大部分应放在实训室完成,以边讲边练的教学模式达到较好的教学效果。但是在拆卸、组装计算机硬件时,如果担心硬件损坏率比较大,就采用教师示范,学生只看不做的教学方式,保证不了学生的动手机会,这样不仅课程的教学效果不好,而且教学目的也很难达到。针对这样情况,在实际教学中应结合学院计算机硬件维护实训室硬件资源,教师和学生可以采用先虚拟、后实作,先普通、后强化的教与学模式,也就是先让学生在虚拟的环境下拆卸、组装出一台计算机,并且在练习过程中给予正确的操作步骤提醒、错误警告,通过多次虚拟练习、教师示范,并在实训前再次强调操作要领和注意事项,然后让学生在实际的计算机上操作;另外也可以让学生先从学院淘汰或旧机器上操作,教师通过反复讲解、反复操作,多次练习后学生的实践动手能力逐步提高,拆卸、组装的要领完全能够掌握,然后让学生在新的计算机上练习。这样通过普通环境与强化环境相结合,来培养学生认真、仔细、沉着、冷静观察、维护计算机部件的能力。

5. 两个合作:团队合作和校企合作

(1) 团队合作

在教学过程中,师生应紧密合作,共同创造稳定的校内实训环境,逐步实施学生自主管理和维护,培养学生的职业技能。

为了达到更好的实训效果,实训时可以将学生分组并任命组长,组长负责整个工作任务的上传下达,以确保实训的顺利进行。因为计算机维护与维修属于服务行业,它不仅直接服务于计算机用户,而且服务于计算机生产商与销售商,为了更好地为客户提供服务,这就要求从业人员具备良好的人际沟通能力以及团队合作精神。针对某个硬件的某项简单维修对每个从业人员来说并不困难,但要钻研某项新的维修技术或进行大批量的设备维修,从业人员的团队合作的精神就显得至关重要。因此分成若干工作组,实训时小组内互相协作、互查互助,小组间互相竞争与学习,每次实训评出最佳小组,最佳实训机器,来促进学生不断提高、不断完善。

(2) 校企合作

基于工作过程进行课程开发和建设,打造一支高效有力的教学团队,促进教学团队的可持续发展,大力加强校企合作很有必要。

• 课程负责人和主讲教师走出去,下企业锻炼,努力使教师成为既懂理论,又懂技能的双师型教师;

• 把专业带头人、企业专家请进来全程参与课程开发和建设,还可以适当安排时间

请专业带头人、企业专家到学院开办讲座,讲授计算机软硬件采购、销售技巧;

- 注意后备人才的培养,促进教学团队的可持续发展。

校企合作不仅能促进教学团队的可持续发展,而且通过与计算机企业建立紧密型校外实训基地,使学生能在真实的职场环境下学习、锻炼,促进学生的快速成长。

6. 两种调研:网上调研和市场调研

针对计算机软硬件日新月异的特点,如果仅仅满足于书本上教学,其教学内容必然会严重滞后。应由课程负责人或任课老师通过上网查询、翻阅其他最新文献、市场调研等多种方式收集最新资料,自行编写基于工作过程的新教材;如果时间上不允许,可以从网上补充最新的计算机软件知识和硬件知识,整理、编写出与计算机最新发展同步、注重教材内容的知识性和新颖性、突出实践能力培养的课程讲义作为校本教材,努力建设适合高职学生的项目化精品教材。

另外,任课老师应适当安排时间带领学生走出校园,到当地的电脑市场去了解计算机软硬件技术的最新发展状况、把握计算机组装和维修职业的最新状况、迎接现今 IT 行业的机遇与挑战,与市场零距离接触;通过市场调研,学生不仅开阔了视野,学到了书本上学不到的知识,而且通过接触社会,与人沟通,培养了学生的社会服务能力。

7. 两种创新:环境创新和技能创新

学生在学习过程中感兴趣的学习领域会慢慢有所不同,有的学生对硬件的组装与维修感兴趣,有的学生对软件的安装与维护好奇,还有的学生对整个系统维护探新,不同学生的学习兴趣不同,教师应因材施教,营造有利于学生成才的创新环境。

营造有利于创新的环境是培养学生创新技能的关键。首先,教师要善于鼓励学生大胆质疑,欢迎学生争论、交流、发表自己意见。教师在教学过程中对某个学生提出的不同见解不应简单否定,而应引导学生审视其观点,得出正确的结论。

在学院内建立计算机组装与维护创业基地,基地负责学院的计算机维护、维修任务,使学生在创业基地得以锻炼、发展,保护学生学习的积极性,使学生树立创新创业的自信心,努力培养学生的创新创业技能。

本门课程学时为 48 学时。

三、课程目标

针对本课程教学内容的特点,应当综合考虑学生的知识水平的实际情况,遵循学生职业能力培养的基本规律,以真实工作任务及其工作过程为依据整合、序化教学内容,科学设计学习性工作任务。通过任务引领型的项目活动,使学生能正确识别计算机部件,能熟练组装计算机硬件系统、软件系统,能对常见的软硬件故障进行维护、维修,通过网上调研使学生时刻保持与计算机同步发展,通过市场调研培养学生的社会服务能力,同时创造稳定的校内实训环境,实施学生自主管理和维护,培养学生的职业技能和团对合作技能。

本课程具体目标如下:

1. 知识目标

- 了解 CPU、内存、主板、硬盘、光驱的作用、性能指标
- 掌握主流 CPU、内存、主板、硬盘、光驱的选购及安装方法
- 了解显卡、声卡、网卡等扩展卡的功能和特性
- 掌握各种扩展卡的选购及安装方法
- 掌握主机电源的选购及安装方法
- 掌握控制面板及前置 USB 和音频线的连接方法
- 了解显示器、打印机、键盘、鼠标等输入输出设备的功能和作用
- 掌握显示器、打印机、键盘、鼠标等输入输出设备的选购及安装方法
- 了解硬盘分区的功能和作用及主要类型
- 掌握分区的方法
- 掌握 BIOS 的功能和作用
- 了解操作系统的功能和作用
- 掌握操作系统的选择和安装方法
- 了解硬件驱动程序的功能和作用
- 掌握硬件驱动程序的安装方法
- 掌握常见应用软件的安装方法

2. 技能目标

- 会根据用户需求选购计算机相关部件、外设，并组装一台完整的计算机
- 能设置 BIOS 参数
- 能进行 BIOS 维护与升级
- 能进行分区格式化操作
- 能进行分区间转换、分区保护、分区维护操作
- 会安装常用系统软件、应用软件
- 会安装和下载硬件驱动程序
- 会更新、升级、维护硬件驱动程序
- 能进行系统优化处理
- 会对计算机常见软硬件故障进行诊断与维护

3. 态度目标

- 培养认真、仔细、沉着、冷静观察计算机部件的能力
- 培养自我保护的能力
- 培养爱护计算机部件的职业素质
- 培养团队协作精神
- 培养学生表述、回答等语言表达能力、培养学生的文明礼仪、培养学生与用户的交流、沟通能力
- 通过对学生在实训、调研过程中的严格、规范的管理，培养良好的职业道德素养

185

四、课程的主要内容与要求

序号	工作任务		知识要求	技能要求	参考学时
1	硬件识别、选购、安装	CPU 的识别、选购、安装	• 了解 CPU 的发展历史、内部结构 • 掌握主流 CPU 的性能指标、选购及安装方法	• 能正确识别、安装各种 CPU • 能按用户需求选购 CPU	3
2		内存的识别、选购、安装	• 了解内存的结构、发展、作用、类型 • 掌握内存插槽的种类与内存的关系 • 掌握主流内存的识别、选购、安装方法	• 能正确识别、安装各种内存 • 能按用户需求选购内存条	2
3		主板的识别、选购、安装	• 了解主板的外观、发展、作用和分类 • 了解主板的主要接口 • 掌握南北桥芯片的功能及作用 • 掌握主流主板的识别、选购、安装方法	• 能正确识别、安装各种主板 • 能按用户需求选购主板	2
4		硬盘、光驱的识别、选购、安装	• 了解硬盘、光驱的结构和分类 • 掌握驱动器的接口类型 • 了解各类别驱动器数据线的连接方法 • 掌握主流硬盘、光驱的识别、选购、安装方法	• 能正确识别、安装各种硬盘、光驱 • 能按用户需求选购硬盘、光驱	2
5		I/O 接口的识别、选购、安装	• 了解显卡、声卡、网卡和作用 • 掌握主流显卡、声卡、网卡的识别、选购、安装方法	• 能正确识别、安装各种识别、选购、安装方法 • 能按用户需求选购识别、选购、安装方法	3
6		网上调研、市场调研	• 通过网上调研、市场调研,掌握键盘、鼠标等 I/O 接口和 CPU、内存、主板等计算机各部件的最新发展	• 能通过网上调研、市场调研,根据用户需求合理配置计算机系统	4
7	整机安装	整机安装	• 了解机箱电源结构 • 掌握主板电源及电源开关的连接方法 • 掌握设置跳线的方法 • 掌握键盘、鼠标等 I/O 接口的连接规则与方法 • 掌握 CPU、内存、主板等计算机各部件的连接规则与方法	• 能熟练安装电源、主板及其他部件 • 能正确连接面板控制线 • 能正确连接前置 USB、音频线 • 能熟练安装、维护 CPU、内存、主板等计算机各部件	4
8	软件安装与设置	磁盘分区格式化	• 了解分区的结构和作用 • 掌握分区建立的步骤(建、删、活动)和方法 • 掌握低级、高级格式化的方法	• 能熟练使用 Fdisk 命令分区 • 能对硬盘进行低级、高级格式化	4

序号	工作任务		知识要求	技能要求	参考学时
9	软件安装与设置	操作系统安装与设置	• 了解常见操作系统的分类、功能及特点 • 掌握安装系统之前最基本的COMS设置(IDE控制器和启动顺序)方法 • 掌握操作系统的安装、维护方法 • 掌握各种驱动程序通用的安装、维护方法	• 能熟练安装、维护操作系统 • 能在 Dos 下安装操作系统 • 能熟练安装、维护各种驱动程序	4
10		应用软件的安装与使用	• 了解常用应用软件的种类 • 掌握常用应用软件 Office、系统测试软件、硬盘分区魔术师的安装方法	• 会熟练安装常用应用软件 • 能正确使用 OFFICE、系统测试软件、硬盘分区魔术师软件	4
11	系统维护	软件系统维护	• 了解系统安全的重要性 • 掌握病毒的处理方法 • 掌握安全软件的使用方法 • 掌握系统工具对系统进行测试与优化的方法 • 掌握常见的软件故障的诊断和修复方法	• 能正确安装与设置防火墙 • 能正确安装并升级杀毒软件 • 能熟练使用 Ghost 工具对系统进行磁盘分区备份、恢复、网络克隆 • 能正确使用常用工具软件测试系统 • 能熟练排除常见软件故障	8
12		硬件系统维护	• 了解开机画面的作用 • 掌握报警声与硬件故障的关系 • 掌握 COMS、BIOS 主要作用 • 通过网上调研、市场调研,掌握计算机硬件的最新情况、发展趋势 • 掌握并应用计算机的规范化组装流程及注意事项 • 掌握常见的硬件故障的诊断和排除方法	• 能正确认识开机画面的信息 • 能熟练使用 COMS、BIOS • 能根据报警声找出硬件故障的位置 • 能熟练排除常见硬件故障	8

五、实施建议

1. 教材编写

(1) 必须依据本课程标准编写教材

(2) 教材应充分体现任务引领、实践导向的课程设计思路。通过计算机系统组装和维护,引入必须的理论知识、增加实践操作内容,强调理论在实践过程中的应用。

(3) 教材应该图文并茂,提高学生的学习兴趣,加强学生对计算机部件的识别、组装,系统软、硬件的安装与维护、维修技能。

(4) 编写内容的组织应以任务组织、项目驱动的原则,通过录像、实际案例、情境模拟和课后网上调研、市场调研、计算机组装与维护兴趣小组等多种手段,根据多媒体计算机组装与维修高级工职业工作过程的工作顺序和所需知识的深度及广度来组织编写,使学生在各种教学活动任务中树立质量、安全、责任意识。

(5)教材应突出实用性,开放性和职业定向性,应避免把职业能力简单掌握为纯粹的技能操作,同时针对计算机软、硬件的快速发展,教材应具有前瞻性,应将本专业领域的发展趋势及实际施工过程中应遵循的新规范、新知识、新技术、新设备、新标准融入教材。

(6)教材应以学生为本,文字表述要简明扼要,内容展现应图文并茂、突出重点,重在提高学生学习的积极性。

(7)教材中的活动设计要具有可操作性

2. 教学建议

由于本课程的主要教学内容涉及计算机组、系统软件和应用软件安装、计算机常见故障诊断和排除等操作性很强的教学环节,必须通过实训才能达到计算机操作、维护和应用技能的培养目标。

(1)在教学过程中应加强学生操作技能的培养,采用任务驱动教学,注重以任务引领,提高学生学习兴趣。

(2)"计算机组装与维护实训室"要有层次:

利用一批旧的、已被淘汰的计算机组建一个基础实训室;

利用一批新的、主流计算机组建一个技能强化实训室。

(3)教学地点设置在理论实践一体化教室,达到理论和实际不脱节。

(4)教学过程中可参考劳动和人事保障部的计算机安装调试维修员(初级、中级、高级)规定的知识要求和技能等级职业标准。

(5)教师必须重视实践、更新观念、走工学结合的道路,探索基于工作过程的职业教育新模式,为学生提供自主发展的时间和空间,积极引领学生提升职业素养,努力提高学生的创新能力。

3. 教学评价

(1)与能力为本位,改革教学评价的方法。突出过程评价,结合课堂提问、实作测试、网上调研、市场调研报告等手段,加强实践性教学环节的考核,并注重平时考核。

(2)强调目标评价和理论与实践一体化评价,注重引导学生进行学习方式的改变。

(3)强调课程结束后的综合评价,结合具体的硬件系统组装、外部设备组装与维护、操作系统安装与应用、应用软件安装与应用等实践活动,充分发挥学生主动性和创造力,注重考核学生动手能力和在实践中分析问题、解决问题的能力。

(4)建议评价方式如下:

实行学习过程的全程化考核。本课程共有三个项目共七个模块,每个模块采用现场操作考试的形式单独评分。对于不合格者,经过反复练习、考核、再练习、再考核,直至通过考试,从而进一步促进学生练习,真正提高实践能力。

4. 资源利用

(1)充分利用计算机行业资源,走校企合作之路,与计算机企业建立紧密型校外实训基地,为学生提供阶段性实训、甚至是顶岗实习的机会,让学生在真实的环境中磨炼自己,提升其职业综合技能。

(2) 由于整个教程注重实用性,整个教学过程基本上都是以实际操作为主,所以整个教学环节可放在实训室完成,以边学边做的教学模式达到较好的教学效果。如果教学环境安排在多媒体教室,则至少要求多媒体教室有实物展示台,以老师做学生看的方式加强印象。

(3) 充分利用和开放实训中心,将教学与培训合一,将教学与实训合一,满足学生综合能力培养的要求。

(4) 学生应充分利用课余时间,到当地的电子市场、电脑商城进行调研,通过网上调研、市场调研及时掌握计算机软硬件的最新发展,始终与计算机的发展保持同步。

序号	设备名称	功能或用途	单位	基本配置数量	适用范围
1	计算机组装与维护基础实训室	• 训练学生正确认识计算机各个部件 • 训练学生正确安装计算机各个部件	台/套	旧的但能正常使用的计算机40台	全院各个专业
2	计算机组装与维护技能强化实训室	• 训练学生正确组装一台完整的计算机 • 训练学生正确安装计算机操作系统 • 训练学生正确安装计算机驱动程序 • 训练学生正确安装应用软件	台/套	• 计算机40台 • 主流主板、CPU、内存条、硬盘各5件	

参 考 文 献

1　李远敏. 计算机组装与维护实训教程. 北京：中国水利水电出版社，2008

2　刘博，高晓黎. 计算机组装与维护. 北京：清华大学出版社，2009

3　泡泡网　http://www.pcpop.com/

4　小熊在线　http://www.beareyes.com.cn

5　Vista 之家　http://www.vista123.com/

6　天极网　http://www.yesky.com/

7　电脑百事网　http://www.pc841.com/

8　鲁大师网　http://www.ludashi.com/

9　ZOL 中关村在线　http://www.zol.com.cn/

10　编程入门网　http://www.biancheng.cn